现代矿业企业矿产资源管理体系构建

马玉天　李德贤　编著

中南大学出版社
www.csupress.com.cn
·长沙·

前　言

矿产资源是经济社会发展的重要物质基础,是矿业企业基业常青的重要保证。矿产资源管理贯穿于企业全生命周期,矿产资源管理的优劣直接关系到企业的生存和经济效益。随着全球经济的不断发展,各矿业企业抓住市场机遇,得到了前所未有的发展,为我国国民经济发展做出了巨大贡献。

企业矿产资源管理是企业在矿产资源获取、储备、消耗等经营及使用过程中实施有效的组织、协调、监督和控制等管理活动;主要包括资源计划管理、矿业权管理、勘查管理、采掘管理、储量管理、闭坑管理、资源安全管理、统计管理等。

现代矿业企业是一个规模庞大、结构复杂、功能综合、因素众多的客体,企业矿产资源管理存在于企业生产的全过程。相对国际上拥有先进管理经验的矿业企业而言,我国的矿业企业管理无论是管理方法还是理论研究都有待进一步改进;同时,伴随矿业企业的发展,矿产资源的消耗量日益增多,储量逐渐减少,对资源的高效管理也成为企业的棘手问题,科学化、规范化地管理好矿产资源,不仅关系到企业的生存和发展,也关系到矿业企业的基业常青,因此不断探索建立与国际接轨同时又适用于我国矿业企业的管理方法十分必要。

本书按照目前成熟的企业经典管理理论和矿产资源管理理论,结合矿产资源管理理论与实践,分析并提出了完整的矿产资源管理体系架构应当涵盖资产运作体系、生产运营体系、资源管控体系、信息与指标体系、知识库管理体系。该管理体系对矿业企业把握国内外市场变化规律、应变市场政策环境变化、科学安排资源获取和生产、加强矿产资源业务管理水平、提升矿产资源管理效益、提高矿产资源的综合利用水平、保障矿业企业可持续发展、充分发挥矿产资源价值、实现企业高质量发展有一定的借鉴意义。

目　录

第1章　绪　论　/ 1

1.1　矿产资源管理及其体系　/ 1

1.1.1　矿产资源管理的内涵　/ 1

1.1.2　矿产资源管理体系构建的目的及意义　/ 4

1.1.3　矿山企业管理基础工作　/ 5

1.2　国内外矿产资源管理研究　/ 6

1.2.1　国外矿产资源管理现状及发展趋势　/ 6

1.2.2　我国矿产资源管理现状及存在的问题　/ 11

第2章　矿产资源管理理论及体系　/ 18

2.1　企业经典管理理论　/ 18

2.2　矿产资源管理相关理论　/ 25

2.2.1　资本运作常见理论　/ 25

2.2.2　生产运营常见理论　/ 28

2.2.3　信息管理常用理论　/ 30

2.2.4　知识库常用理论　/ 31

2.3　基于理论指导的矿产资源管理体系构建　/ 33

2.3.1　资产及资本运作体系　/ 34

2.3.2　生产运营体系　/ 35

2.3.3　管控体系　/ 38

2.3.4　信息与指标管理体系　/ 39

2.3.5　知识库管理体系　/ 44

第3章　矿产资源的资产及资本运作　/ 49

3.1　矿产资源的"三资"属性　/ 49

3.1.1　矿产资源　/ 49

3.1.2　矿产资源资产　/ 50

3.1.3　矿产资源资本　/ 51

3.1.4　矿产资源"三资"属性之间的关系　/ 51

3.2　矿业企业资产运作　/ 52

3.2.1　矿业企业资产运作的概念　/ 52

3.2.2　矿业企业资产运作的意义　/ 52

3.2.3　矿业企业资产运作的流程　/ 52

3.2.4　矿业企业资产运作的风险　/ 54

3.2.5　矿业企业资产运作的项目评价方法　/ 56

3.3　矿业企业资本运作　/ 81

3.3.1　矿业企业资本运作的概念　/ 81

3.3.2　矿业企业资本运作的意义　/ 82

3.3.3　矿业企业资本运作模式　/ 82

第4章　矿产资源生产运营体系　/ 90

4.1　矿产资源生产运营体系的相关概念　/ 90

4.1.1　矿产资源生产运营体系的维度划分　/ 90

4.1.2　矿产资源生产运营体系的常见术语定义　/ 93

4.2　矿产资源生产运营体系分析　/ 95

4.2.1　国家层面对矿产资源的管理　/ 95

4.2.2　企业对矿产资源的生产运营管理　/ 97

4.2.3　矿产资源生产运营管理体系建设的必要性　/ 101

4.3　矿产资源生产运营体系构建　/ 102

4.3.1　业务流程建设　/ 102

4.3.2　工作标准建设　/ 115

4.3.3　标准化文件建设　/ 116

第5章 矿产资源管控体系 / 118

5.1 矿产资源管控体系内涵 / 118
5.1.1 矿业企业管控模式 / 118
5.1.2 矿业企业管理性质和职能 / 124
5.1.3 矿业企业管理组织 / 125
5.1.4 矿业企业规范化管理 / 130

5.2 矿产资源管控体系构建 / 133
5.2.1 管理组织 / 134
5.2.2 权责体系 / 137
5.2.3 管理流程 / 138
5.2.4 管理制度 / 139
5.2.5 考评体系 / 140

第6章 矿产资源信息与指标管理体系 / 142

6.1 矿产资源信息与指标管理内涵 / 142
6.2 信息与指标管理体系分析 / 142
6.2.1 矿产资源管理信息化的必要性 / 143
6.2.2 矿产资源管理信息系统体系 / 143
6.2.3 矿产资源管理业务指标体系 / 147

6.3 信息与指标管理体系建设内容 / 150
6.3.1 系统架构 / 150
6.3.2 标准规范建设 / 151
6.3.3 系统功能 / 153
6.3.4 信息资源和数据库规划 / 157
6.3.5 应用支撑系统 / 158
6.3.6 网络系统 / 159
6.3.7 安全系统 / 160
6.3.8 备份系统 / 161
6.3.9 运行维护系统 / 162

第7章 矿产资源知识库管理体系 / 164

7.1 矿产资源知识库概述 / 164
7.1.1 矿产资源知识库内涵 / 164
7.1.2 构建知识库的主要优势 / 165
7.1.3 国内外知识库构建现状 / 166
7.1.4 矿产资源知识库发展趋势 / 167

7.2 矿产资源知识库建设分析 / 168
7.2.1 矿产资源知识库建立的目的 / 168
7.2.2 矿产资源知识库建立的原则 / 169
7.2.3 矿产资源知识库功能设计 / 170
7.2.4 矿产资源知识库功能要求 / 171

7.3 矿产资源知识库建设内容 / 172
7.3.1 知识库架构 / 172
7.3.2 建立流程 / 175
7.3.3 数据的获取及入库 / 175
7.3.4 平台搭建 / 175
7.3.5 系统功能 / 176
7.3.6 数据的维护及更新 / 177

参考文献 / 178

第1章 绪 论

1.1 矿产资源管理及其体系

1.1.1 矿产资源管理的内涵

1. 矿业企业矿产资源管理的定义

矿产资源是指经过地质成矿作用而形成的，天然赋存于地壳内部或埋藏于地下或出露于地表，呈固态、液态或气态的，并具有开发利用价值的矿物或有用元素的集合体。矿产资源作为不可再生的有限宝贵资源，是人类生产和发展所需的基本资源，是国民经济和社会发展的物质基础。

矿产资源管理是指依据矿产资源勘查、开发利用、资产运营的自然规律，从矿产资源赋存的实际出发，适应国民经济发展的需要，指定矿产资源的生产、开发利用的宏观规划，对矿产资源进行优化配置、合理开发利用与适度保护，并进行矿产资源核算与评估，按照经济规律进行投入产出的计划与控制。

国内学术界对矿业企业并没有形成明确的定义。广义上矿业企业是指从事矿产、生物、气候与土地等自然资源的勘探、保护、开发、更新、利用等活动的企业。狭义上的矿业企业是指从事与资源型产业相关事务的企业。资源型产业是与矿产资源开发和初步加工有关的产业，包括采矿业，与采矿业密切相关的原材料产业，电力、热力的生产和供应业三大产业领域。本书所涉及的矿业企业是狭义上的从事自然资源开采与加工的企业，主要涉及的资源类型包括能源矿产资源（如煤炭）和金属矿产资源（如铜矿、镍矿、铁矿等）。

现代企业发展一般会经历四个阶段，即创业期、成长期、成熟期和持续发展期（或衰落期）。创业期间，企业最重要的就是盈利，面对的主要问题是市场的开拓和产品的创新，这一时间的企业依靠系统管理层核心人物的经验进行管理；待企业进入成长期时，就需要全方位地构建管理体系，管理体系的形成和运行是否符合企业管理规律，直接影响企业后续的成熟期和持续发展期（或衰落期）的生命周期。矿产资源管理体系作为资源类企业的核心资产，是矿业企业在矿产资源获取、储备、消耗等经营及使用过程中实施有效的组织、协调、监督和控制等管理方法的实践验证，是在管理活动中逐步形成相对统一的管理理念、思想、方法和具有自身特色的管理文化的集成，是矿业企业管理的宝贵经验。

具体地讲，企业管理包括以下四方面的含义：

（1）企业管理的对象是企业的生产经营活动，矿山企业的生产经营活动可分为两大部分。一部分是企业内部的活动，它是以生产活动为中心，包括基本生产过程、辅助性和服务性生产过程。对这种以生产活动为中心的管理，通常称为生产管理。企业的另一部分活动，涉及企业外部环境，联系到社会经济的流通、分配、消费等过程，它包括企业发展规划、计划，材料、动力等物资的供应，设备和劳动的补充与调整，产品销售和财务等。对这些活动的管理，通常称为经营管理。要把企业管理好，就必须对生产活动和经营活动进行统一管理，才能保证企业再生产和扩大再生产的顺利进行。

（2）企业管理的目的是充分利用企业的一切资源，完成企业基本任务，取得尽可能大的经济效益。

（3）企业管理的过程是行使企业一系列管理职能的过程。企业管理是通过发挥计划、组织、指挥、协调、控制等职能的作用而进行的。

（4）企业管理的依据是生产技术活动和生产经营管理活动的客观规律，不能凭主观臆想、瞎指挥，必须尊重客观规律，按客观规律办事。

中国自实行经济体制改革以来，矿业企业由过去高度集中体制下形成的封闭式的单纯生产型，逐步转变为开放式的生产经营型，现代化的企业管理模式逐步形成。企业管理现代化就是从企业管理的思想、组织、方法、手段等多方面对传统管理进行改革和提高，使企业从旧的僵化的管理模式中解脱出来，成为具有中国特色的、充满生机和活力的、自主经营的商品生产者和经营者。企业管理现代化既是当前进行的整个经济体制改革、政治体制改革的一项重要内容，又是接受世界新技术革命的挑战，缩小同世界先进水平差距的迫切需要。

在现代科技突飞猛进的形势下，矿业企业不仅要在采矿科学技术上，而且要在矿山管理上加快现代化的进程。现代化的采矿技术必然要有现代化矿山管理与之相适应，才能转化为现实的、先进的生产力。因此，应当把管理技术现代化和生产技术现代化放在同等重要的位置，使之互相促进。

2. 矿业企业矿产资源管理的特征

矿业企业是以矿产资源为基础，采用现代生产技术，主要从事采矿（含选矿）工业生产经营活动，实行自主经营、自负盈亏的经营主体。

矿业企业与一般工业企业相比，从企业管理角度，具有以下六个特点：

（1）矿业企业的劳动对象是自然生成的矿产资源，矿产资源大多埋藏在地表以下，而且由于矿体产状、走向、厚度以及矿物成分复杂多变，因此，矿山企业管理比较复杂，从事管理工作要有适当的灵活性。

（2）矿山基建开拓、生产探矿及生产准备须同矿山生产平行进行，矿业企业的劳动工序繁重、复杂，同时随着矿石的开采，矿山生产能力的下降，工作内容需要不断加以补充。因此，矿业企业的生产目的是提高经济效益，矿山计划管理要考虑多方面多层面多时段的因素。

（3）矿产资源是不可再生的资源，提高矿山企业的经济效益，不能只注意产值和利润指标，而要少投入多产出，矿山总投入中应当包括矿产资源的投入，在总产出方面，要注意资源的合理开发和利用，特别是矿产资源的综合利用，这是提高矿山经济效益的关键。

（4）矿山是生产环节多、工序多、工种多的企业，作业地点分散，不能连续作业，生产条件多变，这些特点要求在矿山管理上要加强计划调度、生产组织和劳动组织工作，把提高劳动生产率放在突出地位。

（5）矿工长年在野外露天作业或坑内作业，劳动条件艰苦，不安全因素较多，而且，绝大多数矿山是采用凿岩爆破工艺，矿工经常受到众多有害因素的危害。因此矿山要特别注意贯彻安全生产方针，切实加强劳动保护工作。

3.矿业企业管理现代化要求

矿业企业管理现代化要求的内容主要包括以下五个方面:

(1)管理思想现代化。这是企业管理现代化的灵魂。随着经济体制改革的深化,要不断地更新观念,变革经营思想,适应计划商品经济发展的要求。矿山企业管理思想现代化,一是树立经济效益思想;二是树立质量第一、用户至上的思想;三是树立竞争开拓思想;四是树立信息是现代化经营重要资源的思想;五是树立管理科学化民主化的思想。

(2)管理组织现代化。根据企业的具体情况,从提高企业管理效率出发,按照职责分工明确,指挥灵活统一,信息迅速准确和精兵简政、反对官僚主义的要求,逐步改革企业管理体制和领导制度,合理设置组织机构,配置人员,并建立与健全以责任制为中心的科学、严格的规章制度,建立集权与分权相结合的新管理体制。

(3)管理方法现代化。这是在总结和继承行之有效的传统管理经验和方法的基础上,根据各个矿山的不同特点和需要,积极推行各种现代化的管理方法。如目标管理、市场预测、网络计划技术、全面质量管理、线性规划及其他优化技术、投入产出技术、决策技术、盈亏分析、ABC 管理法等。

(4)管理手段现代化。在企业管理中积极采用包括电子计算机和现代计量检测手段以及通信手段在内的先进管理手段,充分利用现代科学技术的最新成就,为管理现代化服务。

(5)管理人才现代化。管理人才是企业管理现代化的核心,是实现企业管理现代化的保证。没有大批具有现代化的管理知识、丰富实践经验、头脑敏锐、视野开阔、善于吸收国内外先进科学技术成果和管理经验的开拓人才,就不可能有企业管理的现代化。因此,必须重视人才开发、知识更新和岗位培训等工作。

1.1.2　矿产资源管理体系构建的目的及意义

矿产资源对人类社会和矿业企业发展的重要性不言而喻,随着全球经济的发展,矿产资源的消耗量日益增多,矿产储量逐渐减少,矿产资源问题成为世界普遍关注的话题。如何有效提升矿产资源管理水平、提高矿产资源业务管理效率、增强矿产资源管理效益,规范化、科学化地管理好矿产资源,不仅关系到企业的生存和发展,而且关系到矿业企业的基业长青。因此,通过科学规划、合理利用自有资源，构建资源安全、高效、经济利用，保障企业的可持续发展和高质量发展的矿产资源管理体系，其主要意义如下：

(1)矿产资源管理是企业必不可少的管理工作，贯穿于企业全生命周期，矿产资源管理体系的优劣直接关系到企业的生存和经济效益；

(2)加强矿产资源管理体系构建，把握国内外市场、政策环境，科学安排资源获取和生产过程，充分发挥矿产资源价值，实现绿色长效发展；

(3)通过矿产资源管理体系构建，加强资源消耗管理，提高矿产资源的综合利用水平，保障矿业企业可持续发展的基本要求；

(4)通过矿产资源管理体系构建，确保企业资源权属、资源安全、资源接续，为企业战略决策、转型升级、高质量发展提供支撑。

1.1.3 矿山企业管理基础工作

企业管理基础工作是为实现生产经营活动和管理职能，提供资料依据、共同准则、基本手段和前提条件所必需的工作。要实现管理现代化，基础工作也必须现代化，没有准确的数据、可靠的资料、明确的制度和适当的标准，就难以实行现代化管理。企业管理基础工作的主要内容包括以下六个方面：

(1)标准化工作。标准化是对某项事物所做的应该达到的统一尺度和必须共同遵守的准则的规定。标准化工作要形成包括技术标准、产品标准、管理标准在内的完整的标准化管理体系。如对重要矿产品，国家有关部门都规定了国家标准或部颁标准。矿业企业应把重要矿产品采用国际标准作为赶超国际水平的重要内容。

(2)定额工作。定额工作是指各类技术经济定额的制定、执行和管理工作。目前我国矿山企业的定额水平一般偏低，大多数还是采用经验统计方法来制定各种定额。因此，要使定额水平不断提高，更好地利用人、财、物等资源，必须积极采用科学方法制定、修改和完善各类定额，要坚持采用平均先进定额水平。

(3)计量工作。计量工作是指计量的检验、测试、化验分析等方面的计量技术和计量管理工作。计量是工业生产的"眼睛"，对矿山生产来说，测量工作更具有特别重要的意义，它已成为矿山生产的重要环节。因此，矿山要严格按照《全国工业企业计量工作定级、升级标准》的要求，做到计量器具、手段齐全完备，计量工作准确完善，逐步实现检测手段和计量技术的现代化。

(4)信息工作。信息工作是指企业的生产经营活动所需资料数据的收集、加工处理、储存、检索等工作。它包括原始记录、台账、统计分析、技术经济情报和技术经济档案等。目前，我国矿山企业中的信息工作还很薄弱，主要还是人工信息系统。要实现管理现代化，首先要从各种原始记录、台账和统计报表抓起，这是企业收集资料数据的主要来源，要求真实、准确、及时，从而把生产经营全过程的信息工作，以及经济与科技的信息工作，扎扎实实地建立和健全起来。为建立和完善管理信息系统，要逐步过渡到用电子计算机进行信息的收集、传递、处理、储存、检索、分析与辅助决策，并进一步建立计算机网络系统，同时完善矿山生产调度和通信手段。

（5）以责任制为核心的规章制度。规章制度是现代化大生产的客观需要，是为企业从事生产经营活动所做的规定，是指导职工行动的规范和准则。

（6）职工教育与培训。职工教育与培训是指对全体在职工作人员的思想教育和技术业务教育。当前要对职工的岗位培训和知识更新给予特别的重视，它对提高人的素质有重要作用，是实现矿山企业管理现代化的重要前提。

1.2　国内外矿产资源管理研究

矿业是国民经济的基础产业，也是一种高风险的资本密集及后续效益较高的产业，对国民经济和社会的正常运行和长远发展具有重大意义，因此，各国政府都把矿产资源管理作为自己的重要职能。

1.2.1　国外矿产资源管理现状及发展趋势

1.国外矿产资源管理概况

一国或一个地区的矿产资源管理，受到该国或地区自然资源的禀赋、所处发展阶段、政治体制、历史文化等多方面的影响，即使同为市场经济发达的国家，其管理制度也不尽相同。按照矿产资源的所有权关系及管理的体制，可以将各国矿产资源管理划为若干类型。

（1）政府主导型

以政府为主导进行矿产资源管理的代表国家是挪威。挪威的油气工业在其国民经济中占据重要地位，国内四分之一的财政来自油气资源。挪威对国内油气资源实行国家控制和国家管理的政策。挪威对国内油气资源的国家管理体系包括：

国家议会、挪威石油和能源部以及石油能源局。其中国家议会是石油产业政策的决策者，决定挪威石油产业发展的整体框架。石油和能源部及其下属石油能源局是石油活动的具体管理者。另外，财政部、劳动和政府管理部以及挪威石油安全局也对石油活动的部分相关事务进行管理。

在油气资产化管理方面，挪威政府曾一度使用基于产量的权利金制度以获得利益，后发展为基于利润的税收制度和油气资源的资产化管理模式。

（2）市场主导型

矿产资源管理以市场主导型为主的代表国家有加拿大。加拿大矿产资源丰富，是世界第三大矿业大国。钾盐、钴、铀、镍、铜、锌等金属成矿物产量均居世界前列。作为市场经济发达国家，加拿大建立了比较典型的市场主导型的矿产资源管理制度，政府围绕市场建设和作用发挥来履行职责。如加拿大政府非常重视在地质矿产方面的财政投入和政策支持，一方面，通过支持基础地质工作，来引导商业勘查公司加大投入，推进找矿发现，实现资源显化，另一方面，加拿大政府通过构建强大的风险勘查资本市场，来促进矿业权资产和金融资本的融合，让市场起关键性作用。

（3）政府干预型

通过政府干预进行矿产资源管理的代表国家有日本。日本矿产资源贫乏，日本政府将矿产勘查和矿业开发作为整个国家经济生活的一部分，以生产资料私有制为基础的民间企业为矿业主体。政府宏观上对矿产资源行业实现全面的干预，除出资组织进行国内区域地质调查、海外矿产资源基础调查和重大高层次地学科学研究项目之外，还利用财政金融等经济杠杆，通过市场机制的作用，调节地矿工作中出现的各种问题、冲突，以及调整其发展的方向，并辅之以法律和行政的手段，保证国家政策目标在各地方政府之间的逐级落实。

从早期草根勘查、详细地质调查、税收优惠、矿产开采、金属冶炼加工、矿渣回收处理、回收技术开发、融资贷款、补助金申请、债务担保、矿产生产技术，到人员培训方面，政府与具体实施机构相互协作分工配合，在矿业运作的整个生命周期，对矿产资源实行全方位的管理。

（4）政府控制型

俄罗斯是世界上主要的矿产资源大国，矿产种类比较齐全，储量相当丰富，大多数矿产都能自给自足。俄罗斯的矿产资源管理体现了政府控制性的资源管控模式，主要是通过俄罗斯地质部门和大型国营企业具体实施。近年来，俄罗斯在矿产资源管理改革中，围绕资源、资本和资本新属性特征，做了许多探索，同时俄罗斯政府开始采用市场化的配置矿业权，国家不仅对矿业资源储量评估进行储量管理，而且对投资矿产资源的公司有明确的资本和股份方面的限制。

2. 国外矿产资源管理发展趋势

为了在激烈的国际竞争中赢得先机，赢得有利位置，降低成本，增强发展后劲，增强决策的科学性、有效性和及时性，各国都力求改进和完善管理制度，采用创新的管理模式和新的管理理念，以及最新的技术方法，以增强竞争、获胜的信息和机会。国外矿产资源管理的发展有以下趋势：

（1）综合化管理

世界各国在制定矿产资源管理决策时更加注重多角度分析，从经济、社会、环境、政治、文化、法律、社区，特别是经济、社会和环境三者的关系角度进行综合考虑。从管理过程上看，也趋于全盘考虑和全面监管，即对勘查、开发、运输、复垦、环保的全过程实施监督和管理。在资源开发利用上也趋于进行多重的、综合的考虑，也即各种资源的重复利用，趋向资源开发与保护生态环境的综合管理。近年来，世界各国在矿产资源管理中，特别是在矿产资源的勘查和开发中，都十分强调对环境和生态的保护，以及资源开发与生态环境的同步发展。

（2）信息化管理

随着矿产资源管理的信息化发展越来越迅速，世界各国，无论是发达国家还是发展中国家，无论是矿业大国还是矿业小国，都大力开展矿产资源和与矿业管理的信息化建设，在世界各地建立各种矿产资源和矿业管理有关的数据库和应用系统，特别是在主要工业化国家全面展开。

（3）模型化、定量化和数字化管理

现代科学技术，尤其是 GIS、计算机技术、计算机制图技术、网络技术以及现代管理技术的发展，极大地促进了矿产资源管理趋向模型化、定量化、数字化方向发展。

（4）全球化管理

随着世界经济全球化的不断发展，矿产资源管理和矿产经济发展也日趋全球化。在网络技术和信息技术的支持下，世界各国，特别是发达国家。都试图用全球的视野和眼光来分析、处理矿产经济问题。

3. 国外先进矿业企业矿产资源管理的先进做法

根据普华永道发布的《2019 全球矿业报告》，以 2019 年 12 月 31 日的市值计算出 2019 年度全球 40 强矿业上市公司(Top 40 global mining companies)。名列前五名的分别是必和必拓、力拓、嘉能可、中国神华和淡水河谷。现从业内领袖企业、产业结构相似、内部资源和管理能力等角度，选取了必和必拓、嘉能可、英美资源、诺里尔斯克镍业这四家国外企业，简要分析这些国外领先企业在矿产资源管理方面的先进做法。

（1）必和必拓：储备矿产资源，建立成熟的资源管理体系

必和必拓是全球知名的矿业公司，致力于为全球经济增长提供有力的资源供给。其总部位于澳大利亚的墨尔本，资源勘探和开发业务主要位于澳大利亚和美洲，并通过新加坡、美国休斯敦的营销中心在全球范围内销售产品。必和必拓在全球 20 个国家开展业务，遍及世界各地，主要产品有铁矿石、煤炭、铜、铝、镍、石油、液化天然气、镁、钻石等。

根据必和必拓 2019 财年业绩公报，2019 年必和必拓当期资本及勘探支出达76 亿美元，主要的勘探项目分布在澳大利亚(核心资产包括铜矿、铁矿、焦煤、动力煤和镍矿)、南非、加拿大、智利、秘鲁、美国、哥伦比亚和巴西(核心资产和项目包括铜矿、锌矿、铁矿、动力煤和钾肥)。

必和必拓认为资源型企业需要不断增加资源储备抵消资源的消耗，它的目标就是通过不断获取优质资源储量从而成为世界上最好的矿业公司；必和必拓拥有一支目标明确的专业勘查团队，风险勘查的力度很大，善于在没有经过开发或开发程度不高的地区寻找矿产；此外，必和必拓高度重视发掘已有矿山的资源潜力，通过扩充现有矿山周边和深部资源，最大限度实现已有资源的增值。

必和必拓公司在快速发展期将原来的 8 个业务部门合并为 3 个不同的业务部门，即矿产资源部、煤炭业务部和石油业务部，通过遍布世界各地（亚洲的新加坡、大洋洲的珀斯、南非的约翰内斯堡、欧洲的莫斯科、南美的里约热内卢和加拿大的范库弗峰）的 6 个专业矿产资源管控子公司，分管全球的矿产资源，针对资源的获取、储备、勘查、消耗、关闭制定了一系列管理程序及程序标准，形成了一套程序化的管资源管理体系。

（2）嘉能可公司：管控资源风险，根据市场盈利能力进行资源配置

嘉能可公司是全球大宗矿产品交易巨头，成立于 1974 年，总部设于瑞士巴

尔,是全球范围领先的矿产品生产商和经营商。嘉能可成立之初主要从事黑色金属和有色金属的实物营销,不久扩展到其他矿物、原油及石油产品、煤炭等矿种领域。经营范围覆盖生产、采购、加工、冶炼、运输、储存、融资、金属和矿产品、能源产品和农产品的供应。其战略定位是建立和保持全球最大的多元化自然资源企业。

嘉能可在全球 50 多个国家拥有 150 多个矿山,资源品位优良。2019 年其铜产量为 137 万吨,锌产量为 107 万吨,煤炭产量为 1.4 亿吨,镍产量为 12 万吨。

嘉能可的矿山分布在世界各地,多是跨国经营,公司扩张、运营的风险比较大。因此,嘉能可根据不同情况,在世界各地都谨慎控制资源价值损失预期风险。公司对各个资源在不同时期可能出现的资源价值损失风险进行评估,并通过实施资源开发风险管理策略和亏损控制计划等措施减少资源价值损失风险发生的可能性。

嘉能可是全球最大的钴矿生产商,拥有的钴资源量占世界钴矿储量的 49%。近年来电动汽车的快速发展导致金属钴价格大涨,每辆电动汽车消耗大约 10 公斤钴。根据这一市场需求,嘉能可聘用了著名的分析师研究了全球电动车对于金属市场的影响,根据资源市场需求积极进行战略调整,重启和收购了刚果金大部分钴矿山。另外,嘉能可增加了铜、镍产品的产能,这些都是电动汽车的必需元素,及时进行的产能结构调整为嘉能可高效持续发展提供了有力保证。

(3)英美资源集团:多元化发展、系统化提升

英美资源集团是全球最大的多元化矿业集团之一,总部位于英国伦敦。其南非总部位于约翰内斯堡,是集团最为重要的资源发展基地。高质量的矿业资产和自然资源形成了英美资源独特的业务组合。集团 5 大核心业务是铂金、钻石、有色金属、铁矿石(黑色金属)和煤炭,其多元化业务活动遍布非洲、欧洲、南北美洲、大洋洲和亚洲的 45 个国家。

黄金是英美资源集团的起点和基础,但只开采黄金,不能实现集团宏大的发展目标。为了追求更大的发展,英美资源集团股份有限公司在黄金产业之外,有节奏地进入煤炭、铁矿等多种自然资源开发领域,逐步形成多元化发展的格局。

2010 年以来,英美资源集团的管理流程逐渐简化和更新,新任管理人员带来了更加专业的矿产资源管理经验,形成了新一代精简和高效的矿产资源管理结构,集团矿产资源运营效率大幅提高,仅 2015 年核心业务和流程优化就为公司节余约 20 亿美元,整体生产力得到提高。

（4）诺里尔斯克镍业：依托矿产资源优势，充分利用国内外资本市场，积极推进矿产资源储备

诺里尔斯克镍业公司是俄罗斯矿冶领域的领头企业，所拥有的的矿体是世界最大的矿床之一。诺里尔斯克镍业公司拥有丰富的原材料资源，是世界最大的钯和高品级镍生产商，同时也是世界大型的铂和铜生产商。根据2019年最新生产数据，诺里尔斯克镍业金属产品在世界金属市场的份额（钯、镍、铂和铑市场参考精炼金属的生产数据，而铜和钴市场参考采矿业数据）：钯市场占比41%（位居全球第一），高品级镍市场占比24%（位居全球第一），铂市场占比11%（位居全球第四），铑市场占比9%（位居全球第四），钴市场占比3%（位居全球第八），铜市场占比2%（位居全球第十一）。

在依靠俄罗斯本土丰富矿产资源的同时，诺里尔斯克积极利用自身技术、经验、资金等方面的优势，着力开发海外的矿产资源，开拓海外市场。经过在澳大利亚、博茨瓦纳、芬兰等地的多次收并购活动，诺里尔斯克海外资源贡献占其总量份额逐年提升。近年来，公司也逐渐把目光投向亚洲地区，并着力扩大与中国的合作，使矿产资源业务在地理分布上多样化，并学习其他矿业公司先进的管理经验和技术。

此外，诺里尔斯克镍业抓住机遇，收购了许多俄罗斯优质金矿，并在俄罗斯积极勘查其他矿产，先后发现了铜矿与大型镍矿资源，通过与力拓公司和必和必拓公司就俄罗斯勘查矿产资源签订合作协议，进一步推进矿产资源的储备。

1.2.2 我国矿产资源管理现状及存在的问题

1. 国家层面矿产资源管理概况

中华人民共和国成立初期，我国矿产资源管理的重点工作是矿产资源储量审批、矿产资源储量统计和矿产资源资料汇交等。随着矿产资源开发的种类、强度不断增加，各级部门对矿产资源管理的重视程度不断提高，从21世纪80年代开始，我国矿产资源管理的法规逐步完善，矿产资源管理步入了依法管理的轨道。

我国矿产资源管理可概括为四个方面：矿产资源的储量管理、地质资料汇交管理、矿产资源规划管理、矿产资源管理政策研究制定。

（1）矿产资源储量管理

矿产资源储量管理是矿产资源管理的基础，其内容包括建立统一的矿产资源

储量分类标准、矿产资源储量的审批管理、矿产资源储量登记统计管理等。

（2）地质资料汇交管理

根据《矿产资源法》第14条的规定："我国的矿产资源勘查成果档案资料实行统一管理。"国家设立地质资料汇交管理制度的目的：一是为了维护矿产资源国家所有权益，地质资料作为矿产资源最详细的说明书，国家必须要对其进行统一管理，以实现国家管理矿产资源的需要；二是通过向社会提供借阅使用地质资料，更好地发挥它的经济效益和社会效益；三是通过对汇交材料的二次开发，为政府管理决策和企业经营决策提供信息和依据。因此，要按照"统一领导、分级管理、统一标准、资源共享"的方针，实施"地质资料管理工作法制化、馆藏机构标准化、地质资料数字化、社会服务网络化的地质资料管理系统工程"。

（3）矿产资源规划管理

矿产资源规划是国家对矿产资源处置权的体现。国家要对全国矿产资源做战略储备，并对鼓励开发、允许开发、限制开发和禁止开发的矿种和地区做统筹规划。矿产资源规划管理包括全国矿产资源规划的编制与组织实施两个基本环节。

（4）矿产资源政策研究和制定

矿产资源政策研究和制定是我国矿产资源管理的重要内容。通过对矿产资源形势的分析，编制并实施矿产资源规划，研究、制定并实施相应的矿产资源政策，为实施国家矿产资源供需的当前和长远目标进行宏观调控，为合理开发利用矿产资源，促进矿业持续健康发展提供政策依据。

自20世纪50年代初，经过近60多年的实践，我国在矿产资源储量审批管理方面，制定了多项管理规章和技术规范，在矿产储量登记统计和地质资料汇交管理方面，也形成了相应的管理规章和操作规程。矿产资源管理信息系统的研究与建立逐步展开。但是，不可否认的是我国现行矿产资源管理框架的主体部分是在计划经济体制下形成的，其管理体制和运行机制与我国进一步发展社会主义市场经济的要求仍存在不协调的现象。具体表现在以下三个方面。

一是由政府部门直接审批储量。在计划经济体制下，矿业投资主体是国家，为了保证国家投资的利益，避免矿业开发风险，我国的矿产资源储量由政府直接审批。在市场经济条件下，国家不再是矿业的唯一投资者，矿业投资出现了多元化局面。如果仍由政府直接审批储量，政府就必然要介入到投资风险的承担者和投资者的利益中去，就必然会影响矿业市场的发展。但矿产资源关系到国计民生，不可能完全通过市场来配置。因此1999年9月经中央机构编制委员会办公室批准，在国土资源部设立矿产资源储量评审中心，作为国土资源部直属事业单位，坚持掌控资源家底，维护国家资源权益，保护与合理利用资源，促进地质找矿和矿业发展的原则，对矿产资源储量进行有效管理。同时，为满足根据具体情况管理矿产资源的需要，可以在省国土资源厅中设立矿产资源储量评审中心，对区域矿产资源储量进行评审管理。

二是随着《矿产资源法》的修改和实施，以及我国矿业经济体制改革的进一步深入，矿业权市场和矿业资本市场日趋成熟，矿产资源管理工作如何与矿业权市场和矿业资本市场的发展与管理相衔接，是当前迫切需要研究的问题。

三是矿产资源管理体制和管理内容与社会主义市场经济发展的要求存在一定的差距。为了适应我国社会主义市场经济发展要求，实施可持续发展战略，矿产资源管理工作必须要加大改革力度，加快改革步伐，紧密结合我国矿业权市场和矿业资本市场发展的新情况，调整管理方式和管理内容，尽快实现与国际惯例接轨，将矿产资源勘察、开采、加工作为统一的矿业市场管理，建立统一的矿业资本市场，促进地质勘查工作的投入，为充分利用国内外两种资源、两个市场创造条件。

2. 国内矿业企业矿产资源管理

以国内矿业先进企业中国神华、金川集团、紫金矿业、洛阳钼业为例，简要分析一下这些国内矿业企业的矿产资源管理先进做法及存在的问题。

（1）神华集团：信息领先，合规运营，保证资源的合理开采和充分利用

中国神华能源股份有限公司于 2004 年 11 月在北京成立，其主营业务是煤炭、电力的生产和销售，神华集团拥有煤矿 97 处，产能 68485 万吨/年，采掘机械化率达到 100%。中国神华的发展战略目标是"建设世界一流的清洁能源供应商"。

神华集团是中国上市公司中最大的煤炭销售商，拥有最大规模的煤炭储量。神华集团拥有世界首个 2 亿吨级的神东矿区，世界最大单井煤矿——补连塔煤矿，产能达 2800 万吨/年。

神华集团以煤炭资源管理为中心，以集团为主要服务对象，以集团基础数字传输网络和综合信息网络为载体、以数据共享为特征，建立了神华集团煤炭资源储量管理信息中心，最终实现了神华集团煤炭资源管理在各个矿区、矿井煤炭资源的高度集成，以及煤炭资源信息"集中管理、分散控制、动态更新和逐级共

享"，为神华事业的综合管理、规划及决策提供了资源信息和平台支持。

神华集团在矿产资源管理过程中，一直把资源回采率作为集团生产的一项重要指标来执行，坚持把煤炭储量当作企业资产加以对待和管理，通过科学划分井田范围、采用长短壁结合的采煤工艺、加大采煤工作面长度等多种途径，大大提高了资源的回采率，神东矿区采区回采率全部达到75%以上。

(2)金川集团：资源战略管理，实现矿产资源的可持续发展

金川集团股份有限公司是国内特大型采、选、冶、化、深加工联合企业，拥有世界第三大硫化铜镍矿床，是中国最大、世界领先的镍钴生产基地和铂族金属提炼中心，镍产量居世界第三位，钴产量居世界第四位，铜产量居国内第四位，铂族金属产量居国内第一位。

矿产资源是矿业公司赖以生存和发展的基础，也是金川集团基业长青的重要保障。金川公司为保持持续稳定的生产和进一步的发展壮大，加快"走出去"步伐，充分利用"两个市场""两种资源"，实施矿产资源保障战略。

金川公司实施矿产资源保障战略走过了一段不断探索和创新的历程。2000年以前，金川公司"走出去"主要开展对外工程承包、技术输出与合作业务，进而获得资源包销权；2000年至2008年，金川公司"走出去"主要通过对外贸易合作方式购买矿产原料，并通过参股和贸易融资的方式获取项目矿产品包销权；2009年至今，金川公司开始实施资源保障战略，主要通过控股或全资收并购方式购买矿产资源项目，建立金川公司在国内外的资源基地。

为加快全球矿产资源获取步伐，金川公司制定了矿产资源战略，明确了资源工作指导思想、工作原则、重点区域、目标矿种及控制资源量，并且通过建立的矿产资源评估、收并购等管理流程和技术标准将矿产资源战略转化为可操作的年度工作计划，进行执行和考核。

同时金川集团建立矿产资源项目技术评价标准、技术尽职调查规范、对外合作资源项目管理制度，构建了矿产资源项目研究评价、投资论证工作机制；制定了地质找矿规划，组建了地质找矿组织机构；制定了金川矿山地测工作标准(金川蓝宝书)，逐步形成了一套较为全面、科学、规范、可操作性强、实践性强、具有金川特色的矿产资源工作制度、标准体系，夯实了公司矿产资源工作基础，保障了矿产资源战略的有序、规范、深入推进，为金川集团矿产资源决策提供了技术支持。

（3）紫金矿业：资源控制战略

紫金矿业集团股份有限公司是从事黄金及有色金属和其他矿产资源的勘探、采矿、选矿、冶炼及矿产品销售，并以黄金生产为主的大型矿业集团，拥有正在开采的国内采矿规模最大、单矿产金量最大的紫金山金铜矿，并在新疆、贵州、西藏、吉林和四川等 20 多个省、区投资建设矿山、开展风险勘查和矿产品生产，在海外 7 个国家从事矿业经营。

紫金矿业通过多年的实践探索和管理创新，在矿产资源管理方面形成了行之有效的"资源控制战略"，并通过开发反哺勘查的机制，为"资源控制战略"的实施提供了持续的资金保障。

紫金矿业主要通过两个途径来实现"资源控制战略"，一是把已经占有的矿产资源，通过技术创新和规模经营，使其最充分有效地利用起来，从内涵上增加资源量；二是在已有的找矿、采矿空间（区块）外围扩大找矿，运用技术和机制，从外延上增加资源量。

紫金矿业拥有一套探采紧密结合、相互促进的勘查运行机制，并且对勘查有一套规避风险的机制。紫金矿业在找矿选区时有自己的取舍标准，大多数是看好矿区外围。对于开辟新区，紫金矿业着重研究的是可能提供的地质资料。其次在找矿过程中，紫金矿业对设计方案的执行非常灵活，在实践中一旦发现情况有变，立即修改设计方案、重新部署、实施，既敢大胆地开展工作，又能谨慎地对待风险。

（4）洛阳钼业：矿产资源智能化管理、全球化发展

洛阳钼业是全球领先的铜生产商及金属贸易商、全球最大的钨生产商之一。同时，洛阳钼业也是全球第二大的钴、铌生产商，全球前五大钼生产商，巴西第二大磷肥生产商。

洛阳钼业作为国内钼钨行业的龙头企业，将信息化和工业化相融合，走智能升级之路，积极引领传统矿业企业转型升级。经过多年的发展，洛阳钼业在人工智能和大数据运用方面积极探索，建成全国首条遥控露天采矿生产线、全球首个 5G 矿山无人驾驶矿车，助力国内首个智慧矿山建设。同时，依托工业信息化技术，打造多个选矿和冶炼产业智能车间，实现全流程自动化生产。在境外，洛阳钼业拥有的澳大利亚北帕克斯铜金矿，成为全球唯一实现 100% 自动化井下开采的矿山。

此外，洛阳钼业在立足国内矿产资源的同时，伴随我国"走出去"与"一带一

路"倡议的施行，积极拓展国外矿产资源，优化和实现多元化的矿产资源组合。

3.国内矿业企业矿产资源管理存在的问题及建议

近年来，国内矿业企业在矿产资源管理发展迅速的同时，也暴露出一些问题。随着我国经济产业转型升级不断推进，矿山企业的管理模式也需要加以改革和创新，要引入现代化的管理理论和手段，借助信息化平台来提升和优化矿山企业管理，实现矿业企业的良性发展。

（1）粗放式开采，矿产资源发展整体规划不足

长期以来，国内部分矿业企业在资源开发利用方面呈现粗放式增长模式，矿产资源开发利用低效，资源浪费严重。矿业企业对矿产资源采用的这种粗放型的管理模式和方法不利于我国矿业企业的长远发展。

国内的矿业企业应该以科学的矿产资源可持续发展战略为引导。例如嘉能可公司，通过制定科学合理的长远资源战略规划，战略性开展相关业务，随着业务领域横向和纵向的不断扩张，积极储备上游矿产资源，加大国内外风险勘查投资力度，重视资源勘查工作，通过控制巨量资源不断提升核心竞争力，延长旗下矿山的服务年限。

同时，矿产资源企业要确保能源安全和可持续发展，要把矿产资源开发上升到国家战略层面，立足于维护资源和生态安全的高度，完善长远规划，把现实需要与长远发展结合起来，实现有计划的、保护性的、节约型的综合开发利用。企业自身通过兼并、重组、整合等市场手段和行政措施，淘汰中小型落后、低效的矿产企业，实现优胜劣汰、大进小退，改变"多、小、散、乱"局面。提高矿产资源回采率，加强监管，坚决遏制浪费、破坏资源的势头。

（2）未建立系统的矿产资源管理业务体系

随着资源战略的推进，矿业企业间、部门内部、部门之间业务交集增加，但部分业务存在标准不统一、管理部门管理要求不明确、各省（区、市）解读不同、方式不同结果不同等情况，造成各业务之间关联指标不准确、关联度低的问题。部分矿业企业由于未建立系统的矿产资源管理业务体系，业务之间衔接不够紧密，各业务间数据相互独立，产生运行松散、数出多门的问题。

在矿产资源管理业务体系中我们可以向国外先进企业学习。例如力拓公司就开发并建立了符合有关国际标准的、全面系统的资源管理体系，制定层层分解的规章制度，在规章的实际执行中设立了层层落实的专门管理机构；必和必拓将原

来的 8 个资源业务部门合并为 3 个不同的业务部门(矿产、煤炭、石油),通过 6 个专业子公司分管全球的矿产资源。从资源获取、储备、勘查、消耗、关闭制定了一系列管理程序及程序标准,形成了一套程序化的资源管理体系。

(3)缺乏统一矿产资源管理信息系统

近年来,矿产资源管理信息化的迅猛发展,矿产资源管理要求不断升级,信息化建设不断扩张,数据繁杂且量大。数据标准不统一,造成数据共享、关联使用率低。

因此,建立一套完整的矿产资源信息管理系统对矿业企业的资源管理尤为重要。以神华集团为例,神华集团建立了神华集团矿产资源储量管理信息中心,实现了神华集团的各个矿区、矿井矿产资源的高度集成,以及矿资源信息"集中管理、分散控制、动态更新和逐级共享",为神华事业的综合管理、规划及决策提供资源信息和平台支持。

(4)矿产资源评价及监管力度不够

我国大部分矿业企业在矿产资源管理体系上存在薄弱环节,导致矿产资源评价及监督管理处于一定程度的混乱、无序状态,监管工作不到位。

矿产资源评价及监管工作可以借鉴先进企业的方法,例如以必和必拓公司为代表的国际各大矿业公司,基本都使用三维矿业软件进行矿产资源评价和辅助管理,不仅能够方便、快捷地掌握矿山资源储量的空间分布、数量、品位、可靠程度,合理评价矿山资源保有状况,还可以进行采掘设计优化、采掘计划编制等工作,节约了人力,提高了工作效率,为矿山近期持续、中长期规划和资源综合开发利用提供依据。

第2章　矿产资源管理理论及体系

2.1　企业经典管理理论

企业管理是尽可能利用企业的人力、物力、财力、信息等资源，实现多、快、好、省的目标，取得最大的投入产出效率。管理是服务，不是控制，学习借鉴经典管理理论对服务矿产资源管理有莫大的帮助，企业管理经典理论主要包括科学管理理论、组织理论、一般管理理论、人际关系理论、需要层次论、X-Y 理论、管理方格理论、有效管理者研究、Z 理论等。

1. 科学管理理论

科学管理理论代表人物是费雷德里克·泰勒，费雷德里克·泰勒认为：

(1)对工人提出科学的操作方法，以便有效利用工时，提高工效。研究工人工作时动作的合理性，去掉多余的动作，改善必要动作，并规定出完成每一个单位操作的标准时间，制定出劳动时间定额。

(2)对工人进行科学的选择、培训和晋升。选择合适的工人安排在合适的岗位，并培训工人使用标准的操作方法，使之在工作中逐步成长。

(3)制定科学的工艺规程，使工具、机器、材料标准化，并对作业环境标准化，用文件形式固定下来。

（4）实行具有激励性的计件工资报酬制度。对完成和超额完成工作定额的工人以较高的工资率计件支付工资；对完不成定额的工人，则按较低的工资率支付工资。

（5）管理和劳动分离。管理者和劳动者在工作中密切合作，以保证工作按标准的设计程序进行。

2. 组织理论

组织理论的代表人物是马克斯·韦伯（1864—1920），他勾画出理想的官僚组织模式，具有下列特征：

（1）组织中的人员应有固定和正式的职责并依法行使职权。组织是根据合法程序制定的，应有其明确目标，并靠着这一套完整的法规制度，组织与规范成员的行为，以期有效地追求与达到组织的目标。

（2）组织的结构是一层层控制的体系。在组织内，按照地位的高低规定成员间命令与服从的关系。

（3）在人与工作的关系方面：成员间的关系只有对事的关系而无对人的关系。

（4）在成员的选用与保障方面：每一职位根据其资格限制（资历或学历），按自由契约原则，经公开考试合格予以使用，务求人尽其才。

（5）在专业分工与技术训练方面：对成员进行合理分工并明确每人的工作范围及权责，然后通过技术培训来提高工作效率。

（6）在成员的工资及升迁方面：按职位支付薪金，并建立奖惩与升迁制度，使成员安心工作，培养其事业心。

3. 一般管理理论

一般管理理论的代表人物是亨利·法约尔（1841—1925），泰勒的研究是从"车床前的工人"开始，重点内容是企业内部具体工作的效率，而法约尔的研究则是从"办公桌前的总经理"出发的，以企业整体作为研究对象。

法约尔区别了经营和管理，认为这是两个不同的概念，管理包括在经营之中。通过对企业全部活动的分析，将管理活动从经营职能（包括技术、商业、业务、安全和会计等五大职能）中提炼出来，成为经营的第六项职能。进一步得出了普遍意义上的管理定义，即"管理是一种普遍的单独活动，有自己的一套知识体系，由各种职能构成，管理者通过完成各种职能来实现目标"。

法约尔还分析了处于不同管理层次的管理者对其各种能力的相对要求,随着企业由小到大,职位由低到高,管理能力在管理者必要能力中的相对重要性不断增加,而其他诸如技术、商业、财务、安全、会计等能力的重要性则会相对下降。

法约尔提出了一般管理的 14 项原则:①劳动分工;②权力与责任;③纪律;④统一指挥;⑤统一领导;⑥个人利益服从整体利益;⑦人员报酬;⑧集中;⑨等级制度;⑩秩序;⑪公平;⑫人员稳定;⑬首创精神;⑭团队精神。

4. 人际关系理论

古典管理理论的杰出代表泰勒、法约尔等人在不同方面对管理思想和管理理论的发展做出了卓越的贡献,并对管理实践产生深刻影响,但是他们共同的特点是,着重强调管理的科学性、合理性、纪律性,而未给管理中人的因素和作用以足够重视。

人际关系理论的代表人物是梅奥(1880—1949),梅奥在美国西方电器公司霍桑工厂进行的、长达九年的实验研究——霍桑试验,真正揭开了作为组织中的人的行为研究的序幕。

霍桑试验的研究结果否定了传统管理理论对于人的假设,表明了工人不是被动的、孤立的个体,他们的行为不仅仅受工资的刺激,影响生产效率的最重要因素不是待遇和工作条件,而是工作中的人际关系。据此,梅奥提出了自己的观点:

(1)工人是"社会人"而不是"经济人"。

(2)企业中存在着非正式组织。

(3)新的领导能力在于提高工人的满意度。

5. 需要层次论

需要层次论的代表人物是马斯洛(1908—1970),这种理论的构成根据 3 个基本假设:

(1)人要生存,他的需要能够影响他的行为。只有未满足的需要能够影响行为,满足了的需要不能充当激励工具。

(2)人的需要按重要性和层次性排成一定的次序,从基本的(如食物和住房)到复杂的(如自我实现)。

(3)当人的某一级的需要得到最低限度满足后,才会追求高一级的需要,如此逐级上升，成为推动人继续努力的内在动力。

马斯洛提出需要的 5 个层次如下：

（1）生理需要：是个人生存的基本需要，如吃、喝、住处。

（2）安全需要：包括心理上与物质上的安全保障，如不受盗窃的威胁、预防危险事故、职业有保障、有社会保险和退休基金等。

（3）社交需要：人是社会的一员，需要友谊和群体的归属感，人际交往需要彼此同情、互助和赞许。

（4）尊重需要：包括要求受到别人的尊重和自己具有内在的自尊心。

（5）自我实现需要：指通过自己的努力，实现自己对生活的期望，从而对生活和工作真正感到很有意义。

6. X-Y 理论

X-Y 理论的代表人物是道格拉斯·麦格雷戈（1906—1964），他认为：

（1）一般人并不是天性就不喜欢工作的，工作中体力和脑力的消耗就像游戏和休息一样自然。工作可能是一种满足，因而自愿去执行；也可能是一种处罚，因而只要可能就想逃避。到底怎样，要看环境而定。

（2）外来的控制和惩罚，并不是促使人们为实现组织的目标而努力的唯一方法。它甚至对人是一种威胁和阻碍，并放慢了人成熟的脚步。人们愿意实行自我管理和自我控制来完成应当完成的目标。

（3）人的自我实现的要求和组织要求的行为之间是没有矛盾的。如果给人提供适当的机会，就能将个人目标和组织目标统一起来。

（4）一般人在适当条件下，不仅学会了接受职责，而且还学会了谋求职责。逃避责任、缺乏抱负以及强调安全感，通常是经验的结果，而不是人的本性。

（5）大多数人，而不是少数人，在解决组织的困难问题时，都能发挥较高的想象力、聪明才智和创造性。

（6）在现代工业生活的条件下，一般人的智慧潜能只是部分地得到了发挥。

7. 管理方格理论

管理方格理论的代表人物是罗伯特·布莱克，这种理论倡导用方格图表示和研究领导方式。管理方格图中（见 2-1）纵轴和横轴分别表示企业领导者对人和生产的关心程度，方格中坐标含义如下：

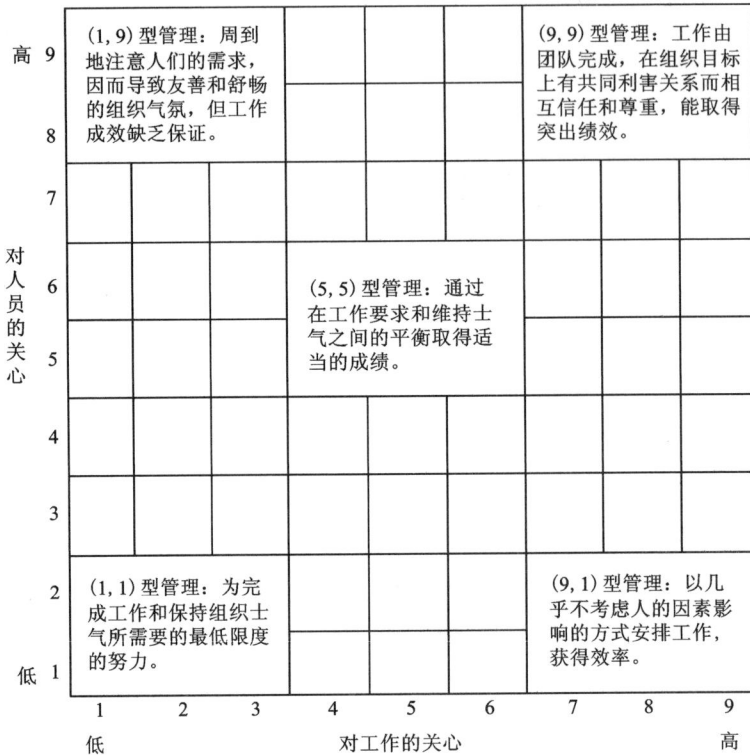

图 2-1 管理方格图

(1,1)定向表示贫乏的管理,对生产和人的关心程度都很小;(9,1)定向表示任务管理,重点抓生产任务,不大注意人的因素;(1,9)定向表示所谓俱乐部式管理,重点在于关心人,企业充满轻松友好气氛,不大关心生产任务;(5,5)定向表示中间式或不上不下式管理,既不偏重关心生产,也不偏重关心人,完成任务不突出;(9,9)定向表示理想型管理,对生产和对人都很关心,能使组织的目标和个人的需求最理想最有效地结合起来

8. 有效管理者研究

有效管理者研究的代表人物是杜拉克,他认为要成为有效的管理者必须养成五种思想习惯:

(1)知道把时间用在什么地方。管理者应该清楚,自己掌握支配的时间是很有限的,他们必须利用这点有限时间进行系统的工作。

(2)有效的管理者要注重外部作用,把力量用在获取成果上,而不是工作本身。

（3）有效的管理者把工作建立在优势上——他们自己的优势，他们的上级、同事和下级的优势，以及形势的优势，也就是建立在他们能做什么的基础上。他们不把工作建立在弱点上。

（4）有效的管理者把精力集中于少数主要领域。在这些领域里，优异的工作将产生杰出的成果。他们给自己定出优先考虑的重点，并坚持重点优先的原则。他们知道，首要的事情先做，次要的事情不做，否则将一事无成。

（5）最后，有效的管理者做有效的决策。他们知道，有效的决策常常是根据"不一致的意见"做出的判断，而不是建立在"统一的看法"基础上的。

9. Z 理论

Z 理论的代表人物是威廉·大内，在 Z 理论的研究过程中，大内选择了日、美两国的一些典型企业进行研究。这些企业都在本国及对方国家中设有子公司或工厂，采取不同类型的管理方式。威廉·大内的研究表明，日本的经营管理方式一般较美国的效率更高，这与 20 世纪 70 年代后期起日本经济咄咄逼人的气势是吻合的。因此威廉·大内提出，美国企业应该结合本国的特点，向日本企业管理方式学习，形成自己的管理方式。他把这种管理方式归结为 Z 型管理方式，并对这种方式进行了理论上的升华，称为"Z 理论"。

Z 理论认为，一切企业的成功都离不开信任、敏感与亲密，因此主张以坦白、开放、沟通作为基本原则来实行"民主管理"。

10. 麦肯锡的 7-S 模型

在麦肯锡的 7-S 模型中，战略、结构和制度被认为是企业成功的"硬件"，风格、人员、技能和共同的价值观被认为是企业成功经营的"软件"。麦肯锡的 7-S 模型提醒世界各国的经理们，软件和硬件同样重要，两位学者指出，对各公司长期以来忽略的人性，如非理性、固执、直觉、喜欢非正式的组织等，其实都可以加以管理，这与各公司的生存息息相关，绝不能忽略。

11. 变革管理

企业变革的核心是管理变革，而管理变革的成功来自变革管理。变革的成功率并不是 100%，常常使人产生一种"变革是死，不变也是死"的恐惧。但是市场竞争的压力、技术更新的频繁和自身成长的需要表明，"变革可能失败，但不变肯定失败"。因此知道怎样变革比知道为什么变革和变革什么更为重要。

变革管理意即当组织成长迟缓、内部不良问题产生，或无法适应经营环境的变化时，企业必须做出组织变革策略，将内部层级、工作流程以及企业文化，进行必要的调整与改善管理，以使企业顺利转型。

变革管理的三项基本方法为：

（1）解冻：承认现况不好，释放原先被掩盖的组织不利讯息。

（2）改变：利用沟通与引进学习型组织，使组织成员逐渐接受改变是正向价值的观念。

（3）谋定而后动：先确定变革策略，拟定明确的目标、环境评估、行动方案与各种配套措施。

12. 波士顿矩阵法

多数公司同时经营多项业务，为了使公司的发展能够与千变万化的市场机会之间取得切实可行的适应，就必须合理地在各项业务之间分配资源。在此过程中不能仅凭印象，认为哪项业务有前途，就将资源投向哪里，而是应该根据潜在利润分析各项业务在企业中所处的地位来决定，波士顿矩阵法就是一种著名的用于评估公司投资组合的有效模式。

13. ERP

ERP（enterprise resource planning），即企业资源计划，是一种先进的企业管理理念，它将企业各方面的资源充分调配和平衡，为企业提供多重解决方案，使企业在激烈的市场竞争中取得竞争优势。世界500强企业中有80%的企业都在用ERP软件作为其决策的工具和管理日常工作流程，其功效可见一斑。ERP项目是一个庞大的系统工程，不是有钱买来软件就可以的。ERP更多的是一种先进的管理思想，它涉及面广、投入大、实施周期长、难度大、存在一定的风险，需要采取科学的方法来保证项目实施的成功。

14. 战略联盟

战略联盟的概念最早由美国DEC公司总裁简·霍普兰德（J. Hopland）和管理学家罗杰·奈格尔（R. Nigel）提出，他们认为，战略联盟指的是由两个或两个以上有着共同战略利益和对等经营实力的企业，为达到共同拥有市场、共同使用资源等战略目标，通过各种协议、契约而结成的优势互补或优势相长、风险共担、生产要素水平式双向或多向流动的一种松散的合作模式。形式如下：

（1）合资：由两家或两家以上的企业共同出资、共担风险、共享收益而形成企业，是目前发展中国家尤其是亚非等地普遍的形式。合作各方将各自的优势资源投入合资企业中，从而使其发挥单独一家企业所不能发挥的效益。

（2）研发协议：为了某种新产品或新技术，合作各方签订一个联发协议。通过汇集各方的优势，大大提高了成功的可能性，加快了开发速度，各方共担开发费用，降低了风险。

（3）定牌生产：如果一方有知名品牌但生产力不足，而另一方有剩余生产能力，则另一方可以为对方定牌生产。一方可充分利用闲置生产能力，谋取一定利益，对于拥有品牌的一方，还可以降低投资或购并所产生的风险。

（4）特许经营：通过特许的方式组成战略联盟，其中一方拥有重要无形资产，可以与其他各方签署特许协议，允许其使用自身品牌、专利或专用技术，从而形成一种战略联盟。拥有方不仅可获取收益，还可利用规模优势加强无形资产的维护，利于受许可方扩大销售、谋取收益。

（5）相互持股：合作各方为加强相互联系而持有对方一定数量的股份。这种战略联盟中各方的关系相对更加紧密，而双方的人员、资产无须全并。

2.2　矿产资源管理相关理论

矿业企业在矿产资源管理中涉及的理论有资本运作理论、生产运营理论、信息管理理论、知识库理论等。

2.2.1　资本运作常见理论

矿产资源作为资本，是矿业权的资本化。矿产资源资本化不是直接经营勘探开发和使用矿业权，而是通过风险勘查投融资、企业收购并购、矿权作价出资入股、股权置换、上市融资和期货期权交易等方式进行投融资，间接地控制矿业权或者对矿业权实施影响而获益的过程。实质是以矿产资源价值为基础，矿业权出让、转让、抵押、质押、信托或者股权转让置换等形式进行流转，借以实现资本流通和价值增值。资源资产化是"三资"的核心，资产化的关键在于矿业权。资源资产化和资本化都是通过矿业权这个核心纽带运作来实现增值。两者区别在于前者着力于矿业权本身及矿产资源开发，后者侧重矿业权的投融资、股权转让置换或企业兼并重组等间接地影响矿业权及矿产资源开发利用。

1. 矿产资源的价值论

关于矿产资源的价值问题，有关人士已经进行了相当长一段时间的探讨，也提出了不同的主张和观点，但基本上是各说一家长短，很难找到一种定论，或者说是一种权威性的说法，关于矿产资源的价值问题，近来主要有以下一些观点：

(1)非人类劳动产品，不具有价值论

这种观点主张价值是凝结在商品中的有差别的人类劳动或抽象劳动，具有使用价值的自然资源，由于矿产资源不是人类劳动的产品，本身不能成为商品，也就没有价值。

(2)矿产资源价值等于凝结在矿产资源上的勘探所物化的人类劳动，没有自身的价值

这种观点主张矿产资源的价值是由于人类劳动的赋予才得以体现。矿床是埋藏在地下或露天的天然富集物，在没有人类的活动参与时，也就是人们对它一无所知时，它就没有价值。但是当人类投入劳动，比如勘探劳动，获得了矿产的参数数据时，矿产资源就有了现实的价值和社会价值，也就是说，矿产资源的价值等于凝结在矿产资源上的勘探所物化的人类劳动。这种观点认为矿产资源自身是没有价值的，它的价值凝结在劳动当中。

(3)矿产资源价值与投入劳动的多少成正比，并且与资源的占有无关

这种观点认为矿产资源的价值完全是由投入劳动的多少决定的，资源的价值只有在自然资源的再生产不能满足经济发展需要，且人类认识到需要投入劳动时才有价值，资源的价值与资源占有无关。

(4)潜在价值论

这种观点认为未参加生产过程的资源是潜在的国有财富，具有潜在的价值。矿产资源一旦被开发，将为采矿者带来收益，并且随着资源品质、赋存条件的不同，带来收益的多少也不同，谁占有这一生产条件，就意味着占有了可带来采矿收益的物质财富，这种被占有和垄断的资源是一种"潜在的社会价值"。

（5）自身具有价值

这种观点认为矿产资源自身具有价值。虽然在矿产资源形成过程中没有凝结人类的劳动，且埋在地下没有被人类发现，但是一旦被发现，人们获得了对它的各种数据参数，掌握了它的用途时，矿产资源自身就具有了使用价值。

2. 投融资与金融创新理论

（1）投融资理论

投资和融资是公司在经营过程中的两大重要决策，目的是帮助公司更好地发展。投资决策包括对内投资和对外投资，需要进行比较，选出最优投资方案。是不是最优要根据多种指标因素进行综合考量，而不能简单地根据一两个指标草率地评估。投资是指公司为了获取经济效益投入一定的资本，并承担一定风险的一种经济活动。所以公司投资是一项重要的决策，要避免因投资失败给企业带来损失。企业融资是企业根据自身的经营业务活动情况，综合未来的发展战略估计企业企业需要的资金，然后通过各种渠道进行融资的经营活动。融资的形式有很多种，企业需要根据自身的实际情况来选取最恰当的融资方式。

（2）金融创新理论

国内外目前对金融创新还没有一致的说法，至于金融创新的定义，多数也都是根据著名经济学家熊彼特的观点发展而来的。熊彼特对金融创新的定义是：金融创新是指新的生产函数的建立，也就是企业家对企业要素实行新的组合。根据他对金融创新的定义可以得出这样的结论，即金融创新包括技术创新和组织管理上的创新，技术创新主要指产品创新和工艺创新，因为这两大创新都是导致生产函数或供应函数变化的诱因。通常来讲，创新应该包括 5 类：①新兴产品的出现；②新工艺技术的应用；③新资源的开发；④新市场的开拓；⑤新的生产组织与管理方法的确立，也就是组织创新。

3. 协同效应理论

协同效应原是物理化学中的一种现象，是指两种或几种组分混合在一起可以产生大于单独使用时所产生的作用总和，又被称为增效作用。

企业作为一个典型的协同系统，经营者可以利用企业协同有效运作公司资源。这类使公司利益最大化的有效途径，通常被定义成为"1+1>2"。《战略协同》中明确指出："通俗地讲，协同就是搭便车，当从公司一个部分中积累的资源可以通过横向关联取得协同效应，同时无成本地应用于公司的其他部分时，协同效应就发生了"。书中同时区分了协同效应与互补效应，主要聚焦在资源形态或资产特性的角度。蒂姆·欣德尔（2004）概括了相关论述者关于企业协同的实现方式，包括选择共享有形资源垂直整合、与供应商的谈判和联合等。

协同的理念被首次引入企业管理领域，是由美国战略管理学家伊戈尔·安索夫完成的。20世纪60年代，安索夫首次提出了公司管理层可以运用协同战略的理念，他指出，协同是在了解企业自身现状的利弊与发展前景的基础上开拓新领域，协同关乎企业整体业务团结的黏合度，通过合理安排销售、生产、运作等环节，将资源有效配置，对业务环境进行整合，从而实现收益逐渐递增的协同目标。关于如何有效实施，安索夫在《公司战略》中进行了详细的阐述，指出企业应将协同作为企业重要的战略之一，并创造一个可以维系公司经营的纽带，通过这一纽带将公司的多元要素进行整合，目的是使企业可以高效地利用资源并合并无用业务，从而提高企业的核心竞争力。至此，多元化发展策略就成为协同效应的重要实现方式，主要通过打造品牌效应，资源共享以降低成本等方式实现。多元化企业可以长足发展的关键就在于协同效应的创造。

2.2.2　生产运营常见理论

在分析保护性开采特定矿种战略定位及其对应的管理措施时，会应用到诸如"最优开采顺序理论""比较优势理论""需求理论""规模经济理论"等成熟的现代经济学理论。

1.最优开采顺序理论

19世纪中叶的Jovens是最早提出矿产资源短缺问题的学者。之后，20世纪初的Gra Hotelling和Gray又研究了怎样通过有限的矿产储量来保证未来的可持续消费，特别是Hotelling于1931年发表的"可耗竭资源经济学"奠定了可耗竭资源最优开采理论基础，成为了此领域的理论源头。

Hotelling在研究可耗竭资源的跨期配置问题时最早使用了经典变分法，经研究发现在不考虑开采成本的前提下，可耗竭资源价格在完全竞争市场的环境中是指数增长的，可耗竭资源开采路径的最佳时机是价格增长率等于贴现率时。这就是可耗竭资源经济学的基本定理，即Hotelling规则。他的观点是当价格以较高速率增长时，资源拥有者要么倾向于持有资源，要么加快对资源的开采。客观地讲,他的观点有一定的合理性,但在实际应用中还是会遇到一些问题。究其原因,第一,这个定理是建立在边际开采成本为零、成本与剩余储量无关等一些严格的假设条件上的,在现实中很难达到这种理想状态;第二,在实际应用时,会存在很多不确定性因素,比如资源价格波动幅度大、新储量的不断发现、新技术的开发应用、人的理性具有有限性等。

由于 Hotelling 基本理论是建立在各种严格的条件上的,所以研究该问题时必须考虑现实中可能出现的各种情形,尽量贴合实际,要考虑的因素包括开采成本、市场结构、税收政策等不确定性问题。

2. 比较优势理论

比较优势理论(the principle of comparative advantage)(大卫·李嘉图,1817)含义是"在一个社会里,每个个体如果把有限的资源,包括时间和精力,只用来生产对他们来说机会成本较低的那些产品,然后跟别人进行交换,这样整个社会的总价值就能达到最大,而且每一个个体的境遇都能得到改善,而不论他们的绝对生产能力是高还是低"。比较优势原理是经济学中应用广泛但也最容易混淆的概念之一,在应用此原理时要注意几个要点:第一,它指的个体可以是个人,可以是家庭,也可以是地区,甚至可以是国家;第二,每个个体的时间和资源都是有限的,任何人每天只有 24 个小时,每个人、每个家庭、每个国家,天生的禀赋和掌握的资源也都是有限的;第三,比较优势是自己和自己比较的优势,和别人比,有可能样样比别人差,但是自己跟自己比,一定会有比较优势,只要生产一种产品,从事一种活动,就得放弃其他机会。在放弃的机会之间进行比较,机会成本最小的那种,就是我们的比较优势;第四,如果每个个体都集中生产自己具有比较优势的产品,把有限的时间、精力和资源,放在那些放弃的机会最小,也就是成本最小的生产活动上,那么整个社会的总产量就会达到最大。每一个个体的处境,通过交换,就都能得到改善。

3. 需求理论

经济学上把关于需求的理论总结为三大需求定律。需求定律是现实生活中最广泛,时时刻刻都在发生并起作用的规律,它实际上是关于人性的定律。需求第一定律指的是当其他条件不变时,提高价格,商品的需求量减少,降低价格,需求量就会增加,即需求曲线是一条始终倾斜向下的直线。需求第二定律指的是需求对价格的弹性和价格变化之后流逝的时间长度成正比。也就是说，随着时间的推移，需求对价格的弹性会增加。需求对价格的弹性，就是需求量随商品价格的变动而变动的程度，它等于需求量的变化百分比除以价格变化的百分比。需求第三定律指的是每当消费者必须支付一笔附加费时，高品质的产品相对低品质的产品就变得便宜了，这笔附加费越高，高品质的产品相对就越便宜，正因为这样，这个定律也被称为"好东西运到远方去定律"。

4. 规模经济理论

规模经济理论是微观经济学中基于企业经营并购，逐渐完善并发展的一项经济学理论。其概念是对于一个企业来说，由于其经营规模而获得了一定的成本优势。一般来说以产量来衡量企业规模，每个单位产出的成本会随着规模的增加而减少。规模经济现象存在于各种经济组织和商业活动的各个方面。当平均成本随着产出的增加而开始下降时，就可以说规模经济现象正在发生。对于矿产资源产业这种规模相对较大、投资巨大、周期较长的产业来说，规模经济现象很明显。

规模经济的概念可以追溯到 16 世纪(亚当·斯密，1776)。亚当·斯密提出通过分工与合作可以获得较之前更大的生产回报。通过对不同劳动的分工，提高了每个工人的工作技巧和熟练程度，节约了切换不同劳动工序而浪费的时间，提高了各项分工的专业化水平，有利于专业机器的发明和应用，形成更有效的规模经济，从而提高劳动生产率。

随着规模经济理论与实践的发展与丰富，从企业组织结构角度揭示了大批量生产的经济性规模。大规模生产所能获得的规模性收益在工业上表现得最为明显，大企业通过分工，形成不同的采购、生产、销售、管理部门与机构，进一步划分企业内部分工，提高运行效率(阿尔弗雷德·马歇尔，1890)。规模经济作为一个实用概念，可用于解释现实世界的经济现象，该理论广泛应用于指导现代企业组织形式与结构，如国际贸易模式、市场中公司的数量及规模、解释为什么公司在某些行业中可以发展壮大。规模经济通常表现为内部规模经济及外部规模经济。内部规模经济即依赖于企业对内部资源的充分利用和有效组织，从而提高经营效率，形成的规模经济。外部规模经济依赖于多个企业之间的合理的分工与有效合作，包括合理的产业布局等外部条件。

2.2.3　信息管理常用理论

信息作为构成客观世界的三大要素之一，其基本作用是消除人的认识的不确定性，增强世界的有序性。对于现代企业来说，信息是一个企业赖以生存的重要因素之一。信息管理是人类对社会信息活动中积累起来的以信息为核心的各类信息活动要素(信息技术、设备、设施、信息生产者等)的整合，这里的信息活动包括围绕信息的搜索、整理、提供和利用而展开的一系列社会经济活动。信息管理的核心内容就是信息资源的合理配置。信息资源的充分开发和有效利用则是信息管理的基本目标。在社会的多元开发与多层次组织中，信息资源的形态呈多样化趋势，各种形态的资源在形态转化中相互作用，成为一体，由此形成社会的信息资源结构，在企业中也是如此。

信息资源管理常用理论包括信息增值理论、信息服务理论、信息增效理论。

1. 信息增值理论

信息增值理论主要是指信息内容的增值和活动效率的提高。它是通过对信息的采集、存储、加工、传递和利用实现的。信息增值要解决两个方面的问题：一是信息资源的建设问题；二是信息资源的存取和开发问题。信息增值的目标是信息集成增值、信息有序化增值、信息开发增值。

2. 信息服务理论

信息服务理论是信息管理活动的所有过程、手段和目的都必须围绕用户信息满足程度这个中心转动，信息资源建设的每一步都是为了提高了信息的可用性和易用性，信息管理在本质上是服务。信息管理的服务本质不但是信息管理工作的中心环节，而且是信息技术发展的目标和方向。

3. 信息增效理论

信息增效理论即信息资源及其信息产品的价值使人们的行为更有目的性、更有效率。从信息管理、资源开发到知识管理，都体现了信息管理的增效原理。信息管理是现代社会节约成本、提高效率、实现可持续发展的有效手段。

2.2.4　知识库常用理论

知识库是用于知识管理的一种特殊数据库，方便有关领域知识的采集、整理以及提取。知识库中的知识源于领域专家或者从业者的经验教训，它是求解问题所需领域知识的集合，包括基本事实、规则和其他有关信息。

构建知识库系统能对知识进行有效管理及合理利用，也能积累和保存信息及知识资产，加速内部信息及知识的流通，实现组织内部知识的共享。

目前国内对知识库的研究主要集中在知识库的产生与发展、概念、功能、资源收录范围、发展现状等理论研究，知识库的构建、管理与维护等建设过程研究，以及知识库建设过程中存在的问题及对策研究等方面。知识库建设是一项系统工程，包括多方面的环节，各环节之间相互联系、相互影响，有必要运用系统科学理论对其展开多层面、多角度的研究。

1. 系统科学理论

信息管理的思想基础是现代系统科学理论，是人们系统地做事情、想问题的基本原则和规律。这源于两个方面的原因，一方面，信息作为一种资源，只有在特定的系统中才能发挥作用。信息资源的开发与运用，与对复杂系统的管理和控制不可分割。另一方面，信息系统本身是一个集管理与技术为一体的涉及各种因素的复杂系统。

现代系统科学理论是指导人们用全局的观点思考问题的方法论。它是在人类长期文明发展的基础上，把整体观的科学理念与现代技术提供的实验方法有机地结合起来，为人们认识和处理复杂的事物提供科学的方法与思路。其主要由信息论、系统论和控制论组成。

（1）信息论

信息论是信息科学的前导，是一门用数理统计方法研究信息的度量、传递和变换规律的科学理论，主要研究通信和控制系统中普遍存在的信息传递的共同规律以及如何解决信息的获取、度量、变换、存储、传递等问题的基础理论。

（2）系统论

系统论是以一般系统为研究对象的理论。系统是指相互联系、相互作用的并具有一定整体功能和整体目的的诸要素所组成的体系。在内部，这些要素相互作用，形成一定的结构；在外部，这些要素所构成的整体与环境相互联系，表现出一定的功能，具有一定的目的；要素、结构、系统、功能、环境构成了系统五位一体的关系。系统一般具有的特征是整体性、联系性、层次性、目的性和动态性。

（3）控制论

控制论是研究控制系统的理论。控制是指事物之间的一种不对称的相互作用。事物之间构成控制的关系，其间必然存在一个或几个主动施加作用的事物，称为主控事物或控制者；同时也存在一个或多个被作用的事物，称为被控事物或控制对象。一般来说，控制者具有一定的控制目标，控制者正是通过不断对控制对象施加作用和影响来逐步达到这一目标的。控制者对被控对象施加作用和影响的过程也是向被控对象馈送信息的过程，这个过程称为正馈控制。信息是控制的基础，控制则是要从有关信息中寻找正确的方向和策略。

2. 协同理论

协同理论是系统科学的新三论之一，被誉为"协调合作之学"，协同理论是 20 世纪 70 年代由联邦德国斯图加特大学教授、著名物理学家赫尔曼哈肯（Hermann Haken）创立。协同理论是一门在普遍规律支配下的有序的、自组织的集体行为的科学，主要研究系统从无序到有序的规律和特征，哈肯等人认为，在任何系统中，各子系统之间依靠"自组织"过程使千差万别的子系统协同作用，产生新的有序结构。协同理论是处理各学科中自组织现象的综合性方法，具有广泛的适用性，已被广泛应用于自然科学和社会科学领域，在理论发展过程中产生了管理协同理论、知识协同理论、协同教育和协同学习等新的理论，并取得了显著的应用成果。将协同理论应用到知识库建设研究中，探讨在各建设环节中相关组织和机构的关系，充分调动各方需求，可以实现知识库的可持续发展。

3. 耗散结构理论

耗散结构理论由比利时物理学家伊里亚·普里高津在 1969 年提出，是一个远离平衡状态、非线性、涨落和突变的开放系统，持续不间断地与外部环境进行物质和能量的交换，当外部环境改变到一定程度时，耗散结构可能从旧式的混沌分散状态转变为在时空或功能上的新式稳定有序状态，这种在远离平衡情况下所形成的新的有序结构（自组织）被命名为"耗散结构"。

2.3　基于理论指导的矿产资源管理体系构建

矿产资源管理贯穿于矿业企业发展的全生命周期，结合矿产资源管理理论与实践，完整的矿产资源管理架构应当包括资产及资本运作体系、生产运营体系、管控体系、信息与指标体系、知识库管理体系。

2.3.1 资产及资本运作体系

矿产资源的运作主要包括资源、资产、资本的运作。其运作方式体现在金融如融资、上市及矿权交易如资源并购等方面。资本经营和生产经营一样，目的都是实现投资收益。资本经营在物质形态上的使用和调整影响着商品、服务的结构变化，资本经营和生产经营的差异主要体现在四个方面：

（1）经营对象的差异

生产经营的对象是产品和服务，关注点在于产品或服务的成本、价格、质量以及市场占有率；资本经营的对象是可以资本化的资产，关注点在于资产未来可以带来的收益或现金流入。

（2）经营方式的差异

生产经营的方式通常依靠技术突破、管理提升来降本增效，或者依靠产品创新、销售推广来占领市场；资本经营的方式往往依靠股权收购、资产重组等优化资本配置，产生协同效益或实现规模经济。

（3）经营市场的差异

生产经营的生产依托要素市场，销售依托产品市场；资本经营的投资依托产权市场，融资依托资本市场。

（4）经营风险的差异

生产经营收益较为稳定，主要取决于产品价格和生产成本，经济周期较长；资本经营的收益不确定性因素较多，既可以来自宏观经济环境的影响，也可以来自竞争对手的威胁，还存在企业自身经营的财务风险，价格波动较大。

总体而言，与生产经营相比，资本经营活动的前提是产权明晰、权责分明、法人治理、规范运作，且依赖于资本市场和产权市场。

（1）矿产资源资本运作管理体系

按照现代企业扁平化管理原则，矿产资源资本运作管理体系大致可分为三个层级，分别是决策层、部门层、技术层。各层级主要职能如下：

决策层：统筹矿产资源投资运营管理，其主要职能包括统筹矿产资源投资决策，即矿产资源申购决策、矿业权转让决策等；统筹矿业权投资运营过程中风险控制决策。

部门层：按照决策层的决策，对矿产资源进行管理及运作，包括矿业权的申购、组织技术层对矿产资源进行评估及监管，矿业权的转让、组织技术层对矿产资源进行勘查及监管、组织技术层对矿产资源进行开发运营。

技术层：按照矿产资源的运作内容，可分为专业化评估团队、勘查团队、开发运营团队。其中专业化评估团队的主要职能是对矿产资源进行资产评估，并提出相关建议；勘查团队的主要职能是对矿产资源进行勘查；开发运营团队的主要职能是对经过评估具有开发价值的矿产资源进行开发运营。

（2）矿产资源资本运作制度体系

制定制度体系的关键在于明确各部门、各阶段的操作流程，并使其规范化，从而使得各项目管理有章可循，避免盲目混乱的管理。此外，还要通过完善相应的考核制度、奖惩机制来增强积极性。

矿产资源资本运作管理制度的主要内容包括相关各层级各部门职责、矿产资源获取并购流程、矿产资源运作考核及奖惩制度。

矿业权管理制度主要内容包括矿业权的管理职责，矿业权的新立管理，矿业权的延续、年检、保留管理，矿业权的变更、注销管理，矿业权的转让及运营管理，矿业权证管理，子公司矿业权管理等。

（3）矿产资源资本运作标准体系

矿产资源并购项目评价作为多部门配合、多学科综合的体系需要建立普遍适用的标准化体系，保证项目实施标准和流程的规范化，建立矿产资源并购项目标准化体系的意义为：

①提升效率。标准化工作的最终目的是使企业或机构能够获得最大的经济效益，企业通过标准工作将生产过程通过采用高效率的工艺设备，利用新技术进行合理的归纳和简化，从而提高工作效率、减少消耗、降低成本，增加企业的经济效益。

②控制风险。通过促使企业对其内部可能产生的各种风险进行辨识和衡量，并采取有效的措施进行防范和控制，有效地减少各种制约因素带来的风险。

③积累技术。建立矿产资源并购项目标准化体系是一个对技术多样性进行选择并最终约束为一个统一的技术选择的过程。标准化对多样性进行收敛的同时也为多样性的产生提供了一个共同的起跑线，当多样性收敛为一个标准后，以这个标准为起点，进行多样性发散。标准化是标准的一个执行过程，可有效地实现执行过程的技术积累。

2.3.2　生产运营体系

矿产资源的生产运营贯穿自然资源的全生命周期，是以资源安全、高效、经济利用、可持续发展为导向，以战略管理、组织管理、合规管理、流程管理、信息管理为切入点，以资源计划、矿权运作、资源勘查、采掘协同、储量集成、闭坑运作、资源安全、资源统计等 8 项业务为对象，通过业务流程、业务标准化构建起来的矿产资源生产运营体系。

矿产资源管理的 8 项业务相互关联、相互制约。以矿产资源规划管理为龙头，实施矿产资源宏观管控和勘查开发的布局优化；以矿产资源储量管理为核心，集中体现矿业企业资源家底；以矿业权管理为主线，实施对矿产资源的勘查和开发利用；以其他管理为辅助，维护矿产资源勘查开采秩序。

没有完善的工作流程和工作标准限制，部门的业务工作很容易受现场情况影响，造成工作的被动。在目前全面推行绩效管理的形势下，各岗位工作开展的质量好坏和工作多少，如果没有工作标准作为衡量尺度，很难进行科学的界定。没有完善的工作流程及标准，新员工不能及时准确地了解自己的工作职责和工作范围、要求，无法在短时内胜任相关工作。因此，部门业务流程优化和业务标准化的实现是矿产资源精益化管理的前提。

生产运营体系中的业务流程优化主要按照业务内容划分，以业务活动和业务功能为基础，对业务作业环节和业务作业内容进行说明，对业务活动中各部门参与节点及业务内容进行说明。

目前，业务流程优化有两种方法，即系统化改造法和全新设计法。其中，系统化改造法以现有流程为基础，通过对现有流程的消除浪费、简化、整合以及自动化（ESIA）等活动来完成重新设计的工作。全新设计法是从流程所要取得的结果出发，从零开始设计新流程。这两种流程优化方式的选择取决于企业的具体情况和外部环境。一般来说，外部经营环境相对稳定时，企业趋向于采取系统化改造法，以短期改进为主；而在外部经营环境处于剧烈波动状况时，企业趋向于采取全新设计法，着眼于长远发展而进行比较大幅度的改进工作。从多数单位的具体情况来看，比较适宜的方式是采取系统化改造法，而且最好用流程图形式表现出来。

矿产资源业务流程优化的思路是：以资源规划（计划）、矿权运作、资源勘查、采掘协同、储量集成、闭坑运作、资源安全、资源统计 8 项业务为对象，总结矿业企业的功能体系；对每个功能进行描述，即形成业务流程现状图；指出各业务流程现状中存在的问题或结合信息技术应用指出业务流程中可以优化的内容；结合各个问题的解决方案即信息技术应用，提出业务流程优化思路；将业务流程优化思路具体化，形成优化后的业务流程图。首先是现状调研，业务流程优化小组的主要工作是深入了解矿业企业的盈利模式和管理体系、企业战略目标、国内外先进企业的成功经验、企业现存问题以及信息技术应用现状，国内外企业间的差距就是业务流程优化的对象，也是企业现实的管理再造需求，以上内容形成调研报告。其次是管理诊断，业务流程优化小组与企业各级员工对调研报告内容进行协商并修正，针对业务需求深入分析和研究，并提出对各问题的解决方案，以上内容形成诊断报告。最后是业务流程优化，业务流程优化小组与企业对诊断报告内容进行协商和修正，并将各解决方案细化。

矿产资源业务流程优化的工作顺序是：首先进行组织建设。组织建设是业务流程优化的前提，因而需要建立由专业人员参加的业务流程优化执行小组，并任命一位具有高层决策权的领导担任小组负责人，执行小组的主要职责包括描述、分析和诊断现有的业务流程，提出改进计划，制订并细化新流程的设计或改造方案，最终落实新方案。有了项目小组之后，就要制定企业业务流程优化目标，明确列出业务流程优化的范围，启动业务流程优化工作，首先是执行小组组织企业各级员工描述企业流程现状，进行岗位职责描述，绘制流程。其次是分析并找出阻碍目标实现的制约因素，最后执行小组向企业领导汇报并得到确认后，开始设计业务流程优化方案。初步方案出台后，还要研讨与分析比较新的流程效率与效益以及可行性，从而确定优化方案。

矿产资源主管部门业务标准化的建立主要以业务流程为基础，规定流程中各层级、各部门、各岗位的工作要求、工作程序、办事细则，以使矿产资源业务系统统一、协调、高效率。建立的业务标准应当包括工作标准和文件报表。业务工作标准主要根据业务工作流程，以作业内容为基础，结合矿产资源管理需求，对各项业务办理中的作业内容、信息源、作业文件、指标及形成的知识库进行标准化处理；业务文件报表主要根据业务活动结合目前业务活动过程中产生的资料台账和各类报表，按照格式模板统一、填写标准统一、资料共享及归档要求统一、检查指导要求统一、评分考核要求统一的标准，对各类台账、记录、报表、文档进行标准化处理。

业务标准化的实现要围绕各岗位的核心业务进行分析、分解和归纳，遵循工作信息流转规律，对业务工作内容、流程进行重组完善，并对工作要求、留存资料等内容进行规范，最终形成各业务的标准化操作文档和部门工作指南。部门领导要负责整体把控，安排部门员工对部门工作标准和工作说明进行梳理、归纳和审定。部门各业务主管负责所管辖业务工作标准的制定，保证每一项工作任务均有工作标准或工作说明作为依据。

2.3.3　管控体系

矿业企业的矿产资源管理是一门依据生产技术的特点和矿山的地质条件研究矿山经营的学科。矿业企业管理不仅涉及对人的管理更涉及技术、经济的管理，是一门跨越社会经济、技术学科和自然学科的科学。对于拥有先进技术的发达国家而言，我国的矿业企业管理无论是管理方法还是理论思想都相对落后。因此，研究出适用于我国矿业企业的管理模式和方法已迫在眉睫。

是否有良好的管理水平直接影响着企业能否有高的效率，提高企业的管理水平和加强企业的管理是企业发展不变的主题，矿业企业的管理也是现代矿产资源研究的重要问题之一。矿业企业的管理还受到许多外部环境因素的影响，比如管理手段、管理组织等。因此，要使开采矿产资源的活动安全、高效地进行，需要安全和科学的管理。在这个竞争激烈的市场，企业只有把各环节的工作做好，才有可能获取利益生存下去，且保持强大的竞争力，而竞争力就来自企业的管理，所以管理是提高企业竞争力的内在基础。

(1)矿业企业在管理中存在的问题

矿业企业在当前日趋激烈的市场竞争环境下，基础项目建设投资大，开采环境复杂性较高，企业发展风险较高。现阶段我国部分矿业企业自身缺乏完备的风险管理意识，对于企业发展关键业务缺乏风险评估，不能促使风险管理进入企业经营发展各个环节中。企业诸多管理信息被管理部门掌握，基层员工未能获取。在横向沟通中，企业内部缺乏有效交流，各项工作协调性较差，部门之间信息沟通交流灵活性较差。企业相关管理人员对不同业务进行处理时，未能明确权限，加上考核体系不完整，缺乏考核指标，导致诸多信息失真现象严重。有些管理部门虽然对管理程序进行简化，但未能采取必要的监控措施，导致较多违法违规问题发生。

(2)构建管控体系的基本思路

以资源计划管理、矿业权管理、勘查管理、采掘管理、资源/储量管理、闭坑管理、资源安全管理、统计管理等8个方面为管理目标，完整的矿产资源管理体系主要包括管理模式、管理组织、管理制度、管理流程、管理职责、岗位职责、权责体系和考评指标。

1)管理组织建设

针对矿业企业风险管理的特点，可以按照分层设置的方式建立垂直且独立的管理组织体系，各级管理机构按照职权路径就合规事项向上一级合规管理机构进行汇报。

2）管理制度建设

按照主体分层管理的设置模式，矿业企业也应建立与之相匹配的矿产资源制度体系。在决策层面，应明确"决策先问法、违规不决策"的原则。在管理层面，应对地质勘查、矿业权、采掘、资源评价及尽职调查、矿产资源信息化等业务制定管理制度，从源头上规范合规管理的基本要求和操作流程。在执行层面，按照统一管控的原则，对业务运作的流程和要求提出具体规定。

管理制度（办法）建设主要依据国家政策法规及行业标准，矿业企业发展战略要求，结合现有部门职责，充分考虑管理属性配置，将管理活动划归相应的层级，制定完善的矿产资源管理制度、各类业务管理办法，通过制度（办法）的形式将组织架构、管理职责、业务流程等进行固化。

3）管理评价体系的建设

由于各国在政治环境、法律制度、社会文化等方面存在巨大差异，目前全球又并未推行一套统一的资源评价风险标准，在对不同地区进行风险识别、评价过程中，需要有针对性地在违规行为高发领域，明确风险点、确认风险级别、风险类型，才能形成风险与控制措施的相互映射关系，根据风险控制与管理效率及效果相适应的原则，不断调整风险控制的策略。在收购境外资源的过程中，可以采取资源评价、尽职调查等方式，在识别风险的基础上，对项目进行分析和排序，为公司投资决策提供依据。

4）管理运行体系的建设

管理运行体系是指企业资源主管部门按照业务分工，识别、评价各自业务流程的合规性，在充分考虑本企业的业务偏好的基础上，确定管理控制方案。方案一般应包括相关的管理及业务流程、控制目标、部门/岗位设置、全责体系等。通过细化标准、量化要求，便于管理人员清楚地知道岗位职责及管理流程，提升企业管理水平。

2.3.4　信息与指标管理体系

矿产资源管理是一项系统工作，涉及业务流程复杂、数据类型多。长期以来，国内矿业企业矿产资源管理以任务单下发式管理或以 OA 系统办公式管理为主，常常以任务单、公文流转作为管理方法，以图形、表格和文字材料作为信息表达方式,产生多头管理、无人管理、流程时间长和工作效率不高的管理问题,也产生浩繁的文档资料,造成检索、查询、修改以及汇总既不方便又不及时,导致管理工作繁重和过程监督跟踪难的管理现状。

目前国内大多数矿业企业的矿产资源管理工作,是基于"纸质人工实现"和"单一功能信息化实现"的简单组合管理,操作中相对单一、粗放、分散且重复工作量大,流程、规范、标准不能统一,难以应对企业对矿产资源大量动态信息的处理要求,难以挖掘资源信息之间的综合联动关系,容易形成业务闭塞的"信息孤岛"现象。

随着矿业企业体量不断增大和多矿种布局,矿产资源业务管理的业务量、数据量也越来越大。矿产资源业务管理信息来源于不同的矿种、不同的矿山,信息量大且杂,日益复杂和愈来愈高的矿产资源管理水平也对信息化管理层次要求越来越高,先进的、现代化的矿产资源信息化管理是矿业企业矿产资源管理提升的必然趋势。

因此,将矿产资源管理和信息技术、网络技术、三维矿业软件等结合起来,建立矿产资源管理信息化平台,以"平台"为基础,以"应用"为目的,以"安全"为前提,对于提高行业竞争力、提升矿产资源管理水平具有重大意义。

(1)信息化管理的特点

1)精细化

信息化管理其实是自上而下的管理过程,通过不同层级的分解,最终落实到具体的数据操作岗位,并规定操作的规则、职权、稽核机制等,因此也是一种精细化的管理方式。

2)流程化

信息化管理提得最多的业务流程优化,这里有两层含义:一层是清晰的梳理;另一层是流程的优化。在一个企业,流程的效率就代表企业运作的效率,管理的理念和管理的方式方法很大程度都体现在流程的优化上。信息系统上线的过程就是流程的梳理和优化过程。

3)标准化

标准化是实现信息化管理的基础,信息化管理过程涉及基础资料标准化、信息管理标准化、业务流程标准化等多个方面的标准化,标准化建设是对标准对象的分类、整理,也是对信息管理职责、分工、审核的明确,标准化管理在某种程度上减少了管理过程中的灵活性,但对推动企业长远发展,实现国际接轨,避免权力集中、职责不清等都具有积极的推动作用。

4）系统化

信息化严密的逻辑性特点，决定了信息化必须超前规划，如果一个系统不能保证至少3~5年的应用，那就是一个失败的规划。信息化能够把某一方面表现出来的问题通过问题系统化解决。因为在信息网络化的今天，如果不系统地解决问题，将每天疲于应对"点"的问题，所以，从这个意义上讲，信息化永远在做"管理解决方案"。

5）高效率

规范化、标准化带来高效率，软硬件技术的飞速发展带来高效率，流程化带来高效率。

（2）矿产资源信息化建设管理存在的问题

1）信息化认识不足，信息管理水平低

许多中小企业对企业信息化重要性和紧迫性的认识不足，对企业信息化能否提高企业的经营管理水平、市场竞争力和经济效益仍持怀疑态度，一部分企业对企业信息化的认识存在误区，认为拥有电脑和企业网站就进入信息化了，一部分没有认识到企业信息化不仅涉及大量的投入和技术上的变革，而且涉及企业的业务与管理流程、组织结构、管理制度等一系列问题，因此，企业信息化不单纯是使用信息技术，更主要的是建立一套与信息化相符的经营管理体制。许多中小企业由于缺乏技术和管理人才，管理方法陈旧，管理思想落后，个别还停留在家族式管理状态，管理制度、组织结构、管理理念与信息化的要求不相适应。管理基础薄弱，影响了中小企业信息化的顺利进行，即使实施了信息化，也难以收到理想效果。

2）指标体系待完善

矿产资源管理专业性强，涉及地质、测绘、采矿等多个专业，从不同的视角看，数据的内涵不同。要反映矿产资源的宏观面貌和在各个维度上的表现，需要一套完整的宏观数据度量指标和各个维度上的微观度量指标，以及矿产资源的质量、结构、数量和空间位置变化对比信息，为决策提供服务。目前在实际应用中，存在度量指标没标准、不统一等问题造成的统计口径偏差，既达不到矿产资源的精细化管理要求，也容易对行业宏观判断和决策造成误导，不利于矿业企业的健康发展。

3）企业信息化建设投入不足

企业信息化随着世界信息技术和管理理念的发展而呈现出不同的发展特征。与发达国家企业信息化的现状相比，国内大企业在信息化上仍较落后。在发达国家，一家大企业每年的信息化投入一般要占到全年总投入的 10%～30%，而在国内这个比例却仅有 1%～2%。

4）信息技术基础设施薄弱、设备落后

不论是硬件还是软件，信息技术的发展速度都很快，目前，很多中小企业由于资金、人力资源等方面的缺乏，在信息技术基础设施上的投入很少，导致信息基础设施建设滞后，所配置的设备存在严重落伍的现象。相关研究指出，目前有很多中小企业所使用的还是十年前的硬件和软件，很难满足信息迅速而高效的发展要求。

（3）矿产资源信息平台构建

构建矿产资源信息平台可以采用最先进的"大中台、轻应用、小程序"的互联网技术架构，以信息数据资源共享为目标，以微服务架构构建矿产资源业务中台，以轻应用、小程序为落地技术手段，建成快速开发迭代、独立部署、自动测试、全程监控的智能化信息管理平台。

借助矿产资源信息平台，能实现矿产资源业务活动和管理活动的流程化、信息化，提升矿业企业对矿产资源管理的集中管控，有效支撑各项矿产资源业务管理工作，全面提升矿产资源管理水平，为矿产资源管理和战略实施，提供强有力的管理平台。

矿产资源信息平台建设的内容：

1）建立矿产资源业务信息化标准体系。

2）建立矿产资源信息代码库。

3）建立集中、统一、共享的矿产资源业务信息化管理平台，实现矿产资源业务活动和管理活动的流程化、信息化。

4）实现矿产资源业务信息化管理平台与应用系统的集成与共享。

5）搭建资源计划管理、矿业权管理、勘查管理、采掘管理、储量管理、闭坑管理、资源安全管理、统计管理、地质模型管理的信息化管理体系。

6）构建矿产资源数据中台，把矿山、坑口、巷道、工作面、资源储量、工程量的工作数据标准化，并通过数据中台模式实现全公司的数据开放共享。

7）搭建"微服务"架构的"轻应用"程序框架，以微服务为核心，对项目功能进行服务封装。支持业务拆分、分布式独立部署、轻量级 API、服务高可用性，支持快速迭代和上线应用。

8）实现"小程序"开发模式，通过循环迭代、快速开发、快速部署的方式，逐步对矿产资源管理系统进行上线应用。能够在较短的周期内完成信息平台的内容建设，并保持平台应用的及时更新和管理需求的快速落地。

矿产资源信息平台架构总体可以总结为"五层三体系"（图 2-2）：

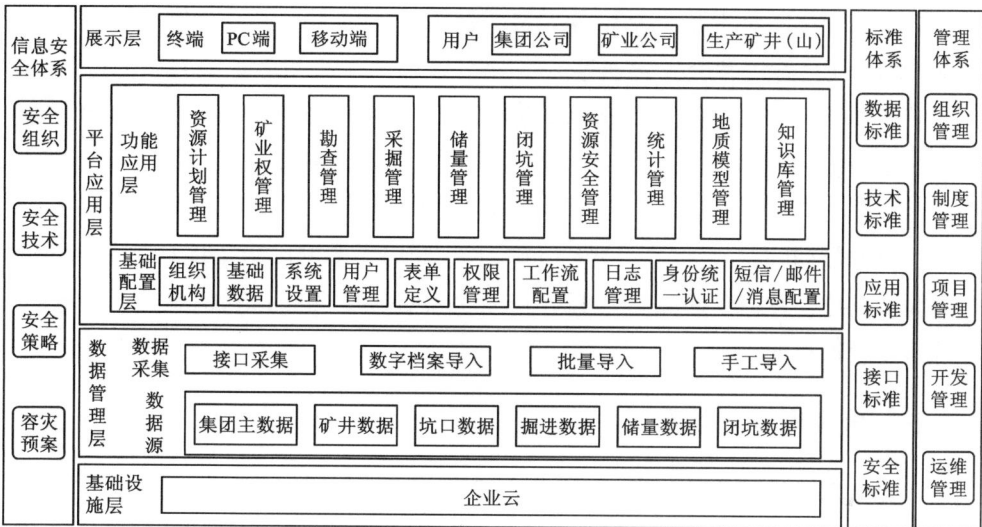

图 2-2　矿产资源信息平台架构

五层：基础设施层、数据管理层、能力支撑层、平台应用层、终端展示层。

三体系：信息安全体系、标准体系和管理体系。

基础设施层以企业云平台为依托，提供运行所必需的网络基础条件，包含内网、外网和无线网。提供所需的各类硬件，包含的硬件主要有中央数据中心所需硬件、区域数据分中心所需硬件、各类监测设备和动态监管设备等终端类设备。

数据管理层存储集团总部数据中心和子公司数据分中心产生的数据，包括基础数据资源和共享数据资源。

能力支撑层由各类大数据技术算法组成，包括知识图谱、全文检索、机器学习、智能语义分析、网络爬虫、数据交互融合等关键技术。

平台应用层实现了集团公司矿产资源信息管理平台的具体业务逻辑模块，包括决策信息门户、开采计划管理、储量管理、闭坑管理、风险预警、统计报表等。

终端展示层实现了在 PC、移动端、大屏幕的各类展示效果，为集团领导、子公司、矿产企业等用户提供访问系统的界面。

信息安全体系为平台的正常运行提供安全保障，主要包括安全组织管理、安全技术应用、安全策略制定等。

信息标准体系指导平台的运行及系统的开发工作主要包括数据标准、技术标准、应用标准、服务标准和标准策略的制定等。

组织管理体系负责整个平台的管理、运维及后续服务，主要包括组织管理、制度管理、项目管理和服务管理等。

矿产资源考评指标按属性分为预期性指标(如矿业总产值、新增资源储量等)和约束性指标(如年度采掘量、矿山"三率"等)两类。基于业务管理体系及信息化平台，建立矿产资源指标管理体系，可以实现信息的共享共建和互联互通，保障矿产资源数据的有效性、一致性、准确性，同时，也可以为集团矿产资源全面管理提供支撑，为矿产资源有效服务集团决策提供支持，达到信息化、指标化、高效率的管理目的。

2.3.5 知识库管理体系

随着信息科技的高速发展，现代互联网技术已经从传统的 PC 互联网技术慢慢地演化到移动互联网技术，并最终迎来了大数据时代。在大数据时代，每一个企业都被大量的信息和数据覆盖着，企业对信息以及知识的需求越来越大，企业内部员工之间相互交流与学习的诉求也不断增加。员工进行相互交流的手段在不断发生变化，为了满足企业内员工各种形式的信息交流与学习，各大企业纷纷加大了信息化建设的投入，尝试引进各种信息化系统来满足企业的信息化、国际化要求。当今，中、小企业的网络建设大都依托于 Internet 技术，开发新一代基于 B/S 架构的企业知识库管理系统势在必行。在企业信息化的过程中，知识库管理系统对加强企业的信息化建设以及企业对信息的有效利用具有重要作用。

知识是人类在实践中认识客观世界(包括人类自身)的成果，它包括对事实、信息的描述或在教育和实践中获得的技能。知识是人类从各个途径中获得的、经过验证的、正确的，而且是被人们相信的。知识库是对特定范围内的知识资源进行搜集、组织、数字存储、管理的系统，是管理科研成果、传播学术知识、支持创新的重要工具。矿产资源知识库就是针对矿产资源领域问题求解的需要，将具有相互联系的知识集合经过组织、分类，并按一定的表示方式在计算机中存储，这些知识包括与领域相关的理论知识、事实数据及专家经验，是各种形式的知识按照一定的表示方法集中存放的数据库，具有强大的知识集成、分类、存储、发布、决策支持等功能。

（1）知识库管理特点

1）面向企业知识管理的直接需求

企业知识库是建立在全面支持企业知识管理基础之上的，各个专业职能、特定业务以及决策信息流程都需要直接面向需求进行定制。首先要保证企业知识管理中信息资源提供与应用的直接性和效率最大化。

2）信息资源全面、准确、权威、海量

考虑到企业通过实施知识管理解决问题的迫切性，企业各个层次决策需要的知识信息在知识库的设计方案中要拥有广泛、稳定、可靠的信息来源和专业化的信息渠道，同时要有强大的专家群对信息内容进行甄别遴选。

3）信息资源的时效性具有充分保障

考虑到企业要面对日趋激烈的市场竞争，以及愈加国际化和技术创新的需求，知识库的建设方案要本着信息资源具备连续、远程、实时更新的性能来设计。随时为企业提供最新的行业动态信息，便于企业迅速获取实施决策的信息资源以及为资源库的价值增值，保证所提供的信息资源具有最佳实效。

4）实现企业资源的信息化管理

当下知识经济时代，企业将知识库作为一种可供开发利用的资源，有效提升了企业核心竞争力。企业在生产管理过程中以知识体系为基础，以知识流贯穿业务、管理的各个方面，通过建立系统安全的知识库管理体系，引导企业发展，实现企业知识信息资源的深度交流与共享。

5）强大的应用软件支撑平台

基于对海量信息资源数据库的检索，外部网络信息资源的实时采集，分布异构式专业数据库的跨库检索、关联，以及企业信息资源知识管理的应用需求，知识库设计方案需要提供技术先进、功能强大、运行稳定的整套应用软件平台，以全面支撑并满足企业实现知识管理和信息资源开发利用的现实需要。

（2）知识库建设主要技术方向

知识表示、知识利用和知识获取是知识库系统建设的三个关键技术方向。

1）知识表示

知识采用什么形式表示，使计算机能对之进行处理，并以一种人类能理解的方式将处理结果告知人类，这是建设知识库系统首先要解决的关键问题。知识表示要具有层次化、模块化、网络化特征，这些特征统称为知识的结构化。

2）知识利用

知识利用是指利用知识库中的知识进行推理，从而得出结论的过程。推理所涉及的问题有知识库的搜索、目标的控制、模式匹配的方法、推理的策略，以及对不确定性知识的评价等。

3）知识获取

知识获取是指从知识源获得知识来建造知识库的过程。知识库中的知识有两个来源，一是原始知识，由外界直接加入知识库；另一个是中间知识（再生知识），是由推理机构得出后追加入知识库。

知识获取是知识库系统实用化过程中最难解决的一个问题，也是建立知识库系统的瓶颈部分。目前在研究的解决该难题的各种对策方法中，利用计算机学习来实现自动或半自动的知识获取是最理想的方法。

（3）矿产资源知识库构建

矿产资源知识库建设内容包括系统收集、整理矿产资源的知识数据，进行数字化、标准化处理；建立矿产资源知识架构体系，有效组织、存储、管理知识；搭建一个矿产资源知识管理平台共享知识信息，提供数据管理、发布及共享的场所和渠道；定期或不定期更新平台数据，对平台进行安全管理及运行维护管理。

知识库建设的5个步骤如图2-3所示。

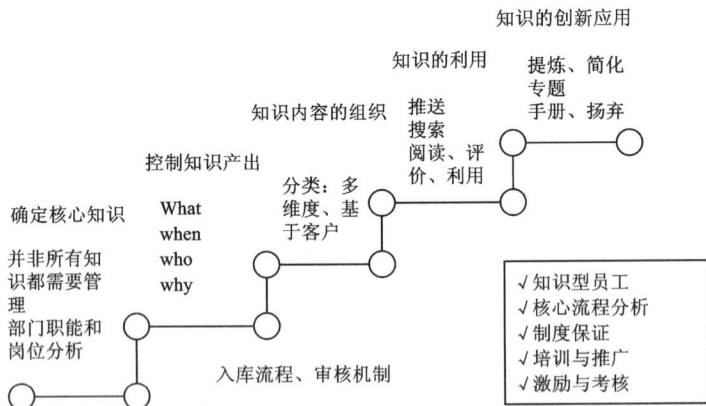

图2-3　矿产资源知识库建设的5个步骤

第一步：确定核心知识。

在任何一个矿业企业内部，都有各种各样的知识，而在知识管理的实践中，并非所有知识都需要管理。在时间和资源有限的情况下，知识库建设者必须在知识库建设的初期明确要管理的知识内容、类型，以及价值，这样才不至于眉毛胡子一把抓，避免出现核心知识和外围知识都无法很好管理的状况。

第二步：控制知识产出，确定知识来源和动力。

人是知识的载体，也是知识产生、组织、利用、创新的源泉。在知识库建设中，必须明晰知识的来源，即谁应该产生何种知识、为什么会产生、产生的知识谁会去"消费"。如果不结合组织内的各个岗位、流程与需求去分析，就很难要求知识共享，在这种情况下即便产出了"知识"，知识的价值也很难保证。

第三步：知识内容的组织。

如何对产出的知识进行整理、系统化、合理的分类和提供检索工具才能方便人们自如地获取？在业务工作中产出的知识大部分是"知识碎片"，是不系统、零散的，在知识的内容组织阶段需要做"知识碎片"的分级和系统化工作。对于社区、论坛等产出的"碎片"需要先进行第一步的处理，类似于 BBS 的精华区分类、整理，然后再经过知识的入库流程，经审核、标准化后才能加入知识库。

知识分类的核心是确定分类维度和在具体维度下进行细分，要从用户而不是知识管理人员的角度去分类，研究他们是如何发现内容的。

知识权限的设定需要建立相应权限模型，大部分是默认权限，默认之外的内容依据业务流程设定相应的权限。

第四步：知识的利用。

知识本身没有价值，只有被利用的知识才能发挥作用。

我们经常见到有许多"宏伟"的知识库，但是从来没有人去用。没有人用的知识库存在的问题是"我们知道所有问题的答案，就是不知道问题是什么"。如何建立知识与具体业务的关联、打破知识业务"两张皮"的问题是关键。

要解决这个问题，需要在做知识产出分析的同时做知识的利用分析，即分析谁是知识的用户，他们在什么场景下使用这些知识。从知识使用者的角度去分析他们的具体需求，即为完成哪项工作需要哪些知识、这些知识该如何表达和传递。

第五步：知识的创新应用。

知识库里的内容越来越多，但大部分是零散的、片段的、基于经验和项目产生的，这些内容与用户的使用方式和应用场景尚存在一定差别。知识的创新应用是从用户的使用出发，根据用户的层级、应用场景去重新组织内容。譬如新员工和做新项目的用户，他们存在的是"不知道自己不知道"的问题，如果仅仅是被动等待用户查询，可能根本没有人使用，这时可以用"知识图谱""问题图谱""任务图谱"等更便捷的方式来满足他们的需求。对于常见的问题点和错误点，可以采用知识+场景的方式，帮助用户去规避工作中的错误与问题。

第 3 章　矿产资源的资产及资本运作

3.1　矿产资源的"三资"属性

矿产资源同时具有资源、资产和资本的三重属性，其重要性不言而喻，资源指的是不同层次、级别的自然资源，强调的是自然属性，是矿产资源的储量和资源量，属实物量，需要被有效地利用和配置起来。资产作为一个会计学的概念，一般指企业过去的交易或事项形成的，为企业所拥有、控制和预期给企业带来经济利益的资源，强调的是经济属性，是矿产资源能以货币计量的价值。资本通常被看作金融财富的代表，矿业资源资本是指能够增值的矿业资源资产，其本质是以矿业资源的价值为基础，实现资本的流通和增值。

3.1.1　矿产资源

矿产资源指经过地质成矿作用，使埋藏于地下或出露于地表，并具有开发利用价值的矿物或有用元素的含量达到工业利用价值的集合体。矿产资源属于自然资源，强调其自然属性，是客观存在的。矿产资源是重要的自然资源，是社会生产发展的重要物质基础，现代社会人们的生产和生活都离不开矿产资源。

一般地，依据其用途与特征，将矿产资源分为非金属矿产、金属矿产和能源矿产三大类型。

3.1.2 矿产资源资产

广义的矿产资源资产，可以定义为特定主体从已经发生的事项取得或加以控制，能以货币、实物或其他度量方式计量，预期能带来未来利益的矿产资源，包括与之相关的物权和知识产权等；狭义的矿产资源资产是指由地质作用形成的，埋藏于地下或分布于地表的有用矿物或元素，其含量达到工业利用价值的自然资源，侧重于当前技术条件下可开采利用的矿产资源。

矿产资源是否能够进一步转化为矿产资源资产需要符合以下条件：

(1)在当前的经济技术条件下能够被开发和利用。如果目前地质条件下客观存在的矿产资源在现今科学技术条件下不能够被利用，不能够为社会和企业带来经济利益，就不能够作为资产，反之则可。

(2)为已发现探明储量的矿产资源。尽管矿产资源埋存在地壳或地表之下，但是如果未被人类发现，无法估算其储量和价值，就不能被人们有效地利用起来，更不能作为资产，只有通过勘查并且能够被利用转化为经济资源时，才有可能作为资产。

(3)具有矿业权。矿业权包括探矿权、采矿权，矿业企业只有取得了矿业权，才能够将矿业权作为企业的资产。

对于一个特定矿山，其资源资产由资金投入、无形资产、资源储量资产三部分构成。

资金投入包括获得矿权的投入和形成开采条件的投入(勘探资金、设计费用、基建投资、生产时期的非成本资金投入)两部分。

无形资产包括储量勘探报告、工程设计以及本矿床特有的开采技术、选冶加工技术及其他科研成果等知识性产权。这些知识产权都是依附于特定矿床的，具有必备性、专一性、获利性等特点，是一种无形财产权，是资源资产不可分割的一部分。

资源储量资产是资源资产的重要组成部分，资金投入和无形资产都依附于资源储量资产。影响资源储量资产价值的因素很多，按照各因素的属性、层次和变化特点可概括为地质条件、勘查开发情况、地理条件、市场条件、社会经济条件5种不同类型的因素。

3.1.3　矿产资源资本

矿产资源资本一般是指投资于矿产资源勘查、开发及相关经营活动的各种资金，其来源和形式是多样的，包括财政性、金融性和社会性的资本，也包括货币资本、商品资本、工业资本等。

资本与资产的区别在于，资本集中于投资领域，连接股东和公司，表现为股东的股权及公司对注册资本、实缴资本的财产权等，强调财产的运作，具有动态特点；而资产广泛存在于物权、债权、知识产权等，表现为物的所有权或使用权、债的请求权以及信托受益权等，强调财产的归属，具有静态的特点。

3.1.4　矿产资源"三资"属性之间的关系

资源、资产和资本三者呈递进关系，同时相互区别、相互联系、相互影响，并且在一定条件下可以进行转化，如图 3-1 所示。矿业资产作为流通资本，必然可以带来经济利益和社会效益，矿业资源的资本化是通过依法获取和使用矿业权（探矿权、采矿权），使矿业资源的价值得以实现，通过矿业权的依法转让、抵押、信托、股权买卖或并购等金融运作方式，以及开发利用产出矿业商品等方式获得利益。矿产资源的资本化，就是矿业权（探矿权、采矿权）的资本化，以矿业资源价值为基础，以矿业权转让、抵押、股权转让或收并购等形式进行周转，借以实现矿产资源价值的增值与流通。

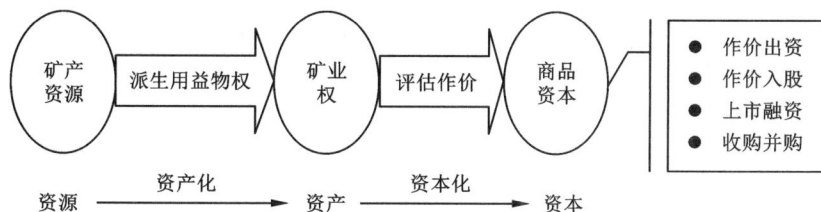

图 3-1　矿产"资源、资产、资本"之间的转化示意图

3.2 矿业企业资产运作

3.2.1 矿业企业资产运作的概念

矿业企业获得了矿业权后，矿产资源就具有了资产属性，可以进行交易。因此，矿产资源资产运作就是将矿产资源作为资产，按照科学的原则和经济规律，在市场经济条件下进行运作。

矿产资源的资产运作本质是对矿业权的交易。

3.2.2 矿业企业资产运作的意义

由于矿业公司的生产只能选在矿产资源赋存地进行，而矿床的分布具有全球性的特点，这就意味着矿业公司的发展必须是全球化的。因此，在资金和生产规模积累到一定程度之后，国际知名矿业公司纷纷走出国门开始了全球化经营。而这之间从拥有一宗矿业权发展到在全球范围内拥有矿业权，就需要进行矿业权的交易，也即矿业资产运作。例如，南非的安格鲁黄金公司的业务组成包括位于南非的 13 个地下开采金矿和一个金属冶炼厂，以及分布在非洲、南美洲、北美洲和澳大利亚的 13 家独资或合营的矿山。巴西的淡水河谷公司，其矿产开发规划项目同样遍及全球各个地方，其中包括在委内瑞拉开采煤、铝矾土、铜、铁和钻石；在秘鲁开采铝和铜；在智利开采铝和铜；在阿根廷开采钾、铝和铜；在加蓬开采锰；在莫桑比克开采煤、铝和铜；在安哥拉开采钻石、铝、铜、钾和铁；在巴西开采铝、铜、镍、铂金族矿、锰、钻石、高岭土和铝矾土；在蒙古开采铝、铜和煤；在中国开采煤、铜和铝等。必和必拓公司在全球 25 个国家拥有 100 余个项目，包括智利埃斯康迪达铜矿、秘鲁廷塔亚铜矿、澳大利亚坎宁顿银铅矿等矿山，其公司的矿产品生产地主要分布在南半球的澳大利亚、拉丁美洲和非洲南部等国家和地区，矿产品的销售地更是呈现出全球化的格局。

由此可见，矿产资源的资产运作是矿业企业做大做强，发展全球化经营的主要手段。

3.2.3 矿业企业资产运作的流程

矿产资源的资产运作主要通过矿业权的交易来实现。实现的流程如图 3-2 所示。

矿业权市场是主要围绕以矿业权为交易标的物而展开的商品交易行为,而这种商品交易行为又有其一定的市场经济结构模式。按照矿业权所有者的差异,又可将矿业权市场分为多个类型,即一级(出让)市场和二级(转让)市场。

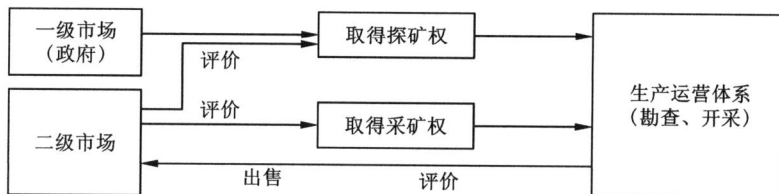

图 3-2　矿产资源资产运作流程

1.通过一级市场(政府)和二级市场获得矿业权

所谓的矿业权一级(出让)市场是指我国各级政府相关部门依据法定程序将矿业权出让给申请人,在进行出让的过程中一般包含审批、招标、拍卖、挂牌出让等方式。矿业权二级市场是指对已经取得矿业权的单位和企业通过市场途径让渡给矿业权人所形成的市场,交易方式一般为收并购、协议勘查等。取得矿业权之前必须对矿业权进行综合评价,以确保取得矿业权所付出的资本尽量小于矿产资源所具有的价值。

2.取得探矿权后,可以进行一定的勘查工作

这些勘查工作赋予了矿产资源新的价值,新增的这部分价值就是勘查工作所投入的劳动价值。取得采矿权后,一般西方的大型矿业公司会对其中经济价值最高的一部分矿产进行开采,开采结束后再将剩余的经济价值较低的部分进行出售,以实现资源到资本的最大化转化。

3.矿业权转让出售

因为前一步通过勘查使矿产资源的价值发生变化,因此在转让出售前必须对矿产资源从地质、经济和可靠程度三方面进行综合评价。

矿业权投资活动要素包括买方、卖方与矿业权。其转让出售流程主要包括在一级市场依据矿业权交易主体的购买流程购买矿业权、对在二级市场中交易的矿

业权进行价值评估、风险管控等。总体而言，矿业权投资的运作包括矿业权的出让和转让，即包括矿业权出让的方式、矿业权价值的评估等。矿业权转让运作是矿业公司进行矿业权投资的主要模式，通过矿业权的转让来获得收益是矿业公司的主要盈利模式之一。

由于矿产资源的价值一般都比较大，并且在完全开采成矿产品之前存在很大的不确定性，进行矿产资源的勘查和开发就存在着比较大的风险，而一般具有勘查和开发能力的企业或者单位没有这么大的承受风险的能力，很多也不具备一次性交清全部矿产资源价值款项的资金。另外，在矿产资源转变为资本的过程中，交易的是矿业权，这时期矿产资源的储量、品位存在很大的不确定性，只有开采完毕时才可能完全知道，如果直接按照勘查报告中的预测值进行交易，会有相当大的风险性。因此在获得矿业权之前必须对矿业权进行综合评价，尽可能规避风险。

从以上流程可以看出，项目的评价在矿产资源资产运作过程中贯穿始终，在获得矿业权和出售矿业权之前都需要对矿业权进行综合评价，评价的质量决定了矿产资源能否顺利转化为资本。

3.2.4 矿业企业资产运作的风险

尽管矿产资源项目体现出显著的高回报特征，但也存在突出的风险，主要表现在以下几个方面：

1. 资源风险

资源风险是指由于对资源的存在与否、资源储量多少、质量优劣的不确定而承担的风险。包括资源储量、开发矿种、资源品位、资源信息等风险因素。

2. 技术工艺风险

技术工艺风险是指由于技术不足或缺陷以及技术分析失误等原因，给资源项目建设开发带来损失的可能性。包括设计指标可行性、规划合理性以及工艺技术的成熟度等风险因素。

3. 建设条件风险

建设条件风险是指项目所在地的自然环境、基础设施、物资供给等，无法在合理投资范围内达到资源项目建设和开发的基本条件而承担的风险。包括地质环境、自然气象、水文条件、水利交通、能源通信设施、材料装备以及产品运输等风险因素。

4. 经济性风险

经济性风险是指由于资源项目内在经济性与公司需求存在的差异，或由于信息不对称，形成的经济性评价指标偏离项目实际的风险。包括项目投资效益的评估、投资总额、后续筹资难易度以及项目研究程度等风险因素。

5. 社区及公共关系风险

社区及公共关系风险是指资源项目开发行为给社会或社区可能带来的损失，以及当地存在的文化、宗教信仰、工会劳工问题使风险的可能性转化为现实后造成的损失。社区及公共关系风险因素包括治安环境、人力资源、文化差异及宗教信仰等。

6. 法律风险

法律风险是指资源项目受项目所在国家（区域）法律法规管制约束，在经济合同订立、生效、履行、变更和转让、终止及违约责任的确定过程中，利益受到损害的风险。包括项目所在国家（区域）投资、税收、矿业等法律政策、法律合规、合同安全、权证等风险因素。

7. 合作风险

合作风险是指在项目投资过程中，由于采用不同的商业合作模式对项目运营主导的权限不同，以及由于信息不对称，对合作方资信状况、公司治理、经营理念、财务状况等无法完全掌握了解，而给项目合作带来的不确定因素。包括合作方的资质信用、公司治理、经营管理合规情况以及财务状况等风险因素。

8. 市场风险

市场风险是指因产品价格、利率、汇率等变动而导致项目价值未预料到的潜在损失的风险。包括矿产品价格下跌风险、汇率风险、利率风险等风险因素。

3.2.5 矿业企业资产运作的项目评价方法

1. 地质资源评价

地质资源评价是项目并购评价的基础，其评价结果的真实性、准确性直接影响和决定项目的成败，地质资源评价主要从七个方面开展：矿业权评价，勘查、开发历史及现状评价，地质勘查工作程度评价，勘查工作质量评价，矿体圈定合规性评价，资源/储量计算过程评价，地质资源潜力评价。

（1）矿业权评价

矿业权，即矿产资源所有权，在国际上，矿产资源所有权具有 3 种形式，一是随土地所有权，即矿产资源所有权随其所赋存的土地的所有权；二是一律归国家所有；三是混合形式，既存在个人所有，也存在国家所有，目前世界上绝大多数国家的矿产资源都归国家所有。

矿业权评价主要从合法性、有效性、真实性、可延续性四个方面展开。

矿业权在各国因其法律的不同有着不同的划分方法，主要有以下三种：

①一分法，指通过一次申请就获得了勘查开发和采矿等活动的权利，不需要经过任何重新申请，如土耳其；

②二分法，即矿业权分为探矿权和采矿权，分别申请和分别授予，世界上大多数国家采用这种方式，如中国、加拿大、印度尼西亚、巴西等；

③三分法，是将矿业权分为探矿权、采矿权和评价权，如澳大利亚。

矿业权的合法性评价主要是依据矿业权所在国的各矿业权制度及规定，对矿权的真实性及有效性进行评价，评价的主要内容有以下几点：

①矿业权的真实性评价：业主是否具有正式的法律证明文件（矿业权证）证明矿业权属业主所有。

②矿业权的有效性评价：矿业权是否处于矿业权证的有效期内。

③矿业权范围评价：目前所探明的矿产资源是否位于矿业权内。

④矿业权的可延续性评价：根据大多数国家的法律规定，矿业权是具有有效期的，而矿业权的可延续性评价就是对矿业权到期后是否可以顺利地延续进行评价。如我国就规定了探矿权在同一勘查阶段延续时需要缩减面积，每次缩减首次登记面积的 25%，也即最多可缩减 3 次。

⑤勘查及开发相关的其他政府许可文件：

根据各国对勘查、开发方面的政策法规进行评价，主要包括环保、规划、开采配额等方面。

因各国在环保等方面的要求不同，有些国家规定必须取得相应的林业许可证后方可进行勘查及开发，如印度尼西亚。

在我国，如煤炭等资源的开发，必须与国家及各省的规划相一致，未列入规划的矿产资源是无法取得采矿许可的。另外，我国政府对部分矿种的开采是有规定的配额的，如钨矿等。

⑥其他评价内容：因各国矿业权制度及相关规定的不同，在进行矿业权评价时必须掌握当地与矿产资源勘查、开发相关的所有政策法规，并根据不同的要求进行评价。

（2）勘查、开发历史及现状评价

勘查历史方面主要评价如下内容：

①收集以往的勘查工作资料，以便对勘查工作质量等进行下一步评价。

②对承担以往勘查工作及相关化验分析单位的资质及信誉情况进行了解。

③收集以往开发的历史资料，以便开展下一步的各项评价工作，如总图布置、采矿、选矿、冶炼工艺等。

④明确采空区范围，以便下一步对其保有资源量进行准确报量。

（3）地质勘查程度评价

①评价项目勘探类型划分是否准确

矿床勘探类型是根据矿床地质特点，尤其按矿体主要地质特征及其变化的复杂程度对勘探工作难易程度的影响，将相似特点的矿床加以归并而划分的类型。划分勘探类型主要是为了正确选择勘探方法和手段，合理确定工程间距。勘探类型划分不当可能导致项目资源储量级别提高，从而加大资源风险。项目勘探类型的划分可以参照我国各矿种的地质勘查规范进行。

②勘查实物工作量是否与勘查工作程度相匹配

根据划分的矿床勘探类型及确定的工程间距，评价项目所开展的勘查实物工作量是否达到目前所处勘查阶段的要求。

（4）勘查工作质量评价

勘查工作质量评价主要评价项目所涉及的各项实物工作，如物探、化探、钻探、取样、样品分析等，其质量是否符合相关规范要求。本项评价主要依据勘查报告中的勘查工作质量评述章节开展，通过对基础资料的研究，与报告中的质量评述内容进行对比，确认勘查工作质量是否符合相关规范要求。主要评价内容如下：

①勘查类型、勘查手段、方法的选择、勘查工程布置原则、工程间距的确定及依据。评价勘查工程是否按照上述原则进行部署，并对所采用的勘查工程间距对矿体(层)的控制程度及工程间距的合理性进行评价。

②对各项勘查工程的质量，尤其是对影响资源储量估算会产生较大影响的工程进行评价。

测量工程：明确项目所采用的平面坐标和高程系统，并对各项工程的测量精度进行评价。

钻探工程：主要对测斜、孔深较正、岩矿芯采取率等进行评价。

物化探工程：主要对现场工作质量、选取的各项参数、资料处理及地质解释方法进行评价。

采样、化验等工作：主要对内检、外检情况、样品的代表性等进行评价，尤其是选冶试验样品必须对其样品的代表性进行详细评价。

(5)矿体圈定合规性评价

①对矿体圈定的依据进行评价。

最低工业品位：这是圈定矿体的主要依据，它的任何改变都将对矿体的规模、形状、有用组分分布的均匀程度和矿化连续性等产生重大影响，尤其是当矿体与围岩的界限不清时更是如此。在确定最低工业品位时，除考虑主要有用金属成分外，还必须考虑伴生有用金属及其综合回收利用情况、开采技术因素、市场需求因素、价格波动因素，以地质开采条件为基础，以市场价格为指导，以经济效益为中心，综合考虑，合理确定。因此，在评价时必须对最低工业品位的确定依据进行准确研判，以确定其合理性。

其他如最小可采厚度、夹石剔除厚度的确定可参考我国各相应矿种的勘查规范。

②对矿体的圈定原则进行评价。

主要参照我国固体矿产勘查工作规范规定的矿体圈连及外推原则对其进行评价，矿体的圈连一般采用直线连接，部分勘查程度达到勘探级以上的矿床，因为已详细查明矿体的规模、形态、产状等地质特征，可按自然形态对矿体进行连接，但不论采用何种连接方法，矿体任意位置的圈连厚度均不得大于相邻工程实际控制的矿体厚度。

③对所有图件逐一进行检查，确认是否按照以上依据及原则对矿体进行了圈定(在此过程中可对原始分析结果进行检查)。

(6)资源/储量过程评价

资源/储量过程评价内容包括资源/储量分类是否符合规范要求，资源/储量的计算过程是否合规，从原始分析结果到资源/储量的计算过程中是否出现错误。

①收集化验分析单位出具的原始化验分析结果报告单，对储量计算过程中用到的所有分析结果逐一进行核对。

②对储量计算的过程进行详细检查，确认各类公式或参数的选取及使用无误，计算结果无误。

③地质建模和资源/储量复核计算。

本项评价工作主要是利用勘查工程的原始数据，选取合理的计算参数，对其资源储量进行独立重新估算。目前一般采用矿业软件建立地质模型，估算项目的资源/储量，并与勘查报告中的资源/储量结果进行对比，确认资源/储量的误差是否在合理范围，若误差较大，需详细分析其原因。

(7)资源潜力评价

在矿业权评估中，资源潜力评价是非常重要的评估内容，它包括生产矿山的勘探程度低的块段潜力和矿山周边及深部的找矿潜力。而对于尚处于探矿阶段的矿业权，其资源潜力评价就更为重要。资源潜力与矿床成因类型及勘查工作程度密切相关，潜力评价无法做到准确计算，需要评估专家丰富的工作经验和较强的专业知识才能够准确判断。正是资源潜力的不确定性，才留下了矿业权的炒作空间和价值空间，矿业投资的高利润及高风险也主要集中在矿产资源潜力认识这一部分。

评价主要是根据项目的区域地质、矿区地质及已取得的勘查成果，对项目的资源潜力进行评价，评价的结果可作为项目投资决策的参考。

2.采矿工艺评价

采矿工艺技术评价的目的是明确项目在采矿工艺技术上可行，为矿产资源并购提供技术支持。采矿工艺技术评价主要结合项目现场技术尽职调查工作，多专家根据项目外部建设条件、矿山采矿权范围、矿体开采技术条件以及矿岩的物理力学特征，确定矿山开采方式、开采范围、开采顺序及开采方案，合理选型矿山设备，评价项目在采矿技术上的可行性。同时，类比国内外相似矿山的生产实际，提出不同的意见和建议。

(1)评价内容

目前，矿产资源项目开采方式分为两大类，即露天开采和地下开采。根据不同开采方式各自的特点，评价内容也不尽相同。露天开采矿山主要从露天开采境界参数、剥采比分析、回采工艺、生产规模、矿山设备、露天开采边坡稳定性等方面开展评价。而地下开采矿山评价除基础评价外，还需对井巷工程、充填系统、通风系统、排污系统等进行评价。

根据矿产资源项目采矿技术主要评价内容，在不同开采方式下，各项评价内容具体评价指标分别论述如下：

1)露天开采矿山评价

①露天开采境界参数评价

根据矿体的禀赋特征、矿岩的物理力学特性，评价项目露天开采境界参数(台阶高度、台阶坡面角、安全平台宽度、清扫平台宽度、出入沟宽度、出入沟坡度等)选择的合理性。

②经济合理剥采比分析

确定露天开采境界的重要依据——经济合理剥采比，经济合理剥采比与国民经济和科学技术水平密切相关，其值是变化的。因此，某个时间圈定的露天开采境界，只是在一定时期，一定条件下的合理值，随着科学技术的进步和国民经济的不断发展，露天开采经济效益不断改善，经济合理剥采比趋向增大，原来设计的露天开采境界也随之扩大和延深。目前，经济合理剥采比主要有三种分析方法。

a.盈利法

根据开采范围内原矿品位、采选技术参数、金属价格，确定露天开采经济合理剥采比。露天开采境界内剥采示意图如图 3-3 所示。图中剥离废石的增量 dW 和采出矿石的增量 dO 带来的利润增值 dP 之间的关系见式(3-1)。

$$dP = \frac{dO \times g_o \times \gamma q}{g_p} - C_w dW - (C_w + C_p) dO \qquad (3-1)$$

即

$$\frac{dP}{dO} = \frac{g_o \times \gamma q}{g_p} - C_w \times \frac{dW}{dO} - (C_w + C_p) \qquad (3-2)$$

从式(3-2)可以看出，利润增量随着经济合理剥采比的增加而减小。因此，

利润增量 $\dfrac{\mathrm{d}P}{\mathrm{d}O}$ 随境界深度的增加而减小，当 $\mathrm{d}P=0$ 时，

$$N_j = \frac{\mathrm{d}W}{\mathrm{d}O} = \left[\frac{g_\circ \gamma q}{g_p} - (C_w + C_p) \right] / C_w \qquad (3\text{-}3)$$

式中：$g_\circ$——矿体的地质品位，%；

　　　G_p——精矿品位，%；

　　　q——精矿售价，元/t；

　　　C_w——单位剥岩成本，元/t；

　　　C_m——单位采矿成本，元/t；

　　　C_p——单位选矿成本，元/t；

　　　γ——采选综合回收率；

　　　N_j——经济合理剥采比，t/t。

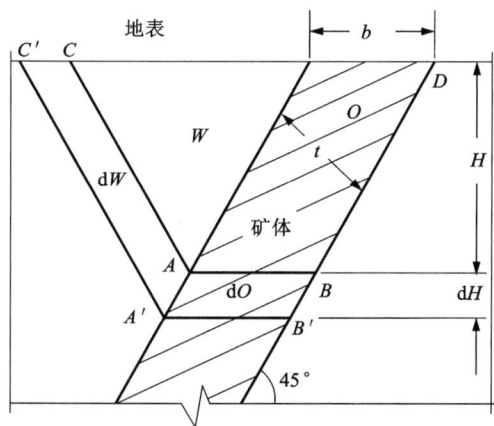

图 3-3　露天开采境界内剥采示意图

b. 价格法

采用价格法计算的经济合理剥采比适用于因某些原因无法进行地下开采的矿床，即只能考虑露天开采的矿床，其经济合理剥采比的计算见式(3-4)。

$$N_j = \frac{d-a}{b} \qquad (3\text{-}4)$$

式中：N_j——经济合理剥采比，t/t；

　　　a——露天矿山纯采矿成本，元/t；

b——露天矿山纯剥离成本，元/t；

d——该矿石售价，元/t。

c.比较法

通过与地下开采方式进行比较，露天开采经济合理剥采比的计算见式（3-5）。

$$N_j = \frac{1}{b} \times \frac{\alpha_L \times \varepsilon_L}{\alpha_D \times \varepsilon_D} \times D_D \qquad (3-5)$$

式中：N_j——经济合理剥采比，t/t；

b——露天矿山纯剥离成本，元/t；

α_L、α_D——分别为露天开采和地下开采采出矿石品位，%；

ε_L、ε_D——分别为露天开采和地下开采采矿回收率，%；

D_D——地下开采时每吨原矿所分摊的采矿成本，元/t。

③露天开采境界评价

露天开采境界主要通过境界优化来评价露天开采境界的合理性，露天境界优化开始于 20 世纪 60 年代，其核心思想为，考虑一个矿床，扣除采矿/岩的成本，满足一定的边坡条件，使采出的矿石总价值最大，它是一个有唯一解的数学问题。

露天开采境界优化常用的解决算法有动态规划法、图论法、整数线性规划法、网络流法、启发法、手工法及浮动圆锥法。其中，前四个方法可用数学方法证明正确，后三种方法通常根据经验和直观判断。

④回采工艺评价

露天开采方式的回采工艺流程为穿爆—铲装—运输—排土，根据工艺流程特点，评价露天开采工艺的合理性。

⑤生产规模评价

根据矿山的开采技术条件，初步确定矿山生产规模，并选取以下几种方法进行生产能力验证：

a.按矿山采矿工程延深速度验证生产能力；

b.按露天采场采矿工作线内可布置的挖掘机数验证生产能力；

c.按新水平准备时间验证生产能力；

d.按咽喉区线路通过能力及卸载点卸载能力验证生产能力；

e.当分期建设时，应论述矿山各个时期的生产能力，当生产多种矿石时，应论述各种矿石的生产能力。

⑥矿山设备评价

根据矿山生产能力及回采工艺，合理选型露天开采设备，包括潜孔钻机、牙轮钻机、电铲、挖掘机、矿用自卸卡车、推土机、平地机等。

⑦露天开采边坡稳定性分析

随着我国露天开采技术和设备的持续发展，其规模大、效率高、成本低、资源回采率高、作业条件好、生产安全等优点进一步显现，陡帮开采等先进的露天开采工艺得到广泛应用，但随之而来的露天矿高陡边坡稳定性问题突出，在很大程度上制约了露天矿的发展，目前主要利用先进技术形成数值模拟分析模型的方式，预测露天开采边坡的稳定性。

2）地下开采矿山评价

①采矿方法评价

根据地压管理方法的不同，地下采矿方法可分为空场采矿法、崩落采矿法和充填采矿法三大类。空场采矿法是对采矿过程中形成的空场不做特殊处理，主要依靠预留的矿柱和围岩来支撑、维持采空区稳定的采矿方法。崩落采矿法是在采矿过程中，使矿体上覆岩石随着采矿活动的推进而塌陷，消除采空区地压安全风险的采矿方法。充填采矿法是随着回采工作面的推进，逐步用充填料充填采空区，达到控制采空区地压的采矿方法。

通过分析矿体的禀赋特征及矿床的开采技术条件，须多方案选择适宜的采矿方法，并从每种采矿方法的采场布置、采准、切割、回采、出矿、通风、充填、支护、矿块生产能力等方面进行对比分析，对选择的最优采矿方法进行评价。

②回采工艺评价

依据矿体围岩稳定性、矿体赋存条件、采矿方法、生产能力以及相关的安全要求，进行回采工艺评价。主要包括矿块构成要素评价，即确定矿房、矿柱的布置方式及尺寸，底部结构型式；采准切割方式评价，即确定分段（分层）高度，进路布置方式，回采凿岩巷道、切割巷道的位置及尺寸，切割方法和切割顺序；工艺评价，即确定采场凿岩、爆破、出矿、运输等工艺流程；矿柱回采评价；采空区处理评价。

③生产规模评价

根据矿山的开采技术条件，初步确定矿山生产规模，并选取以下几种方法进行生产能力验证：

a.按各中段可布置有效矿块数，以及同时出矿的矿块数及矿块生产能力来计算和验证各中段的生产能力；

　　b.均衡各中段生产能力并按合理的矿山服务年限验证生产能力；

　　c.以类似矿山实际年下降速度或回采工作面推进速度来验证各中段的生产能力；

　　d.按下中段开拓、采准时间验证矿山生产能力。

　　当分期建设时，应论述矿山各个时期的生产能力；当生产多种矿石时，应论述各种矿石的生产能力。

　　④开拓运输系统评价

　　根据矿体禀赋特征、地表地形条件及矿山岩体移动范围，对所选择的开拓运输系统进行评价。主要包括井巷工程位置及数量，开拓范围，基建范围，坑内提升、运输系统，破碎系统等。

　　⑤井巷工程评价

　　依据矿岩稳定性、水文地质条件等因素，对井巷工程进行评价。主要包括各种井筒、平巷、硐室的断面规格及其支护型式、支护厚度等。

　　⑥充填系统评价

　　充填材料、充填设施和充填工艺的评价。主要包括充填量，充填材料选择，充填料配比及充填体强度，充填系统的计量，充填的供水、排水和排泥设施等。

　　⑦通风系统评价

　　依据矿岩中有害气体的含量、矿区工业布置情况、开拓方法、生产规模等因素，进行矿井通风系统评价。主要包括通风系统的主要通风井巷布置、通风方式、通风网路、回采工作面通风情况和通风构筑物等。

　　⑧采矿设备的评价

　　依据矿体围岩稳定性、矿体赋存条件、采矿方法、生产能力以及相关的安全要求，进行采矿设备评价。主要包括采准、切割凿岩、装运、支护及辅助设备选型，凿岩爆破设备的生产能力和设备数量计算，出矿设备的选型，二次破碎设备的选型和设备数量计算等。

　　⑨其他辅助设施评价

　　依据相关安全规程，进行矿山排水、压风、供水等辅助设施评价。

　　采矿技术主要评价内容见图3-4。

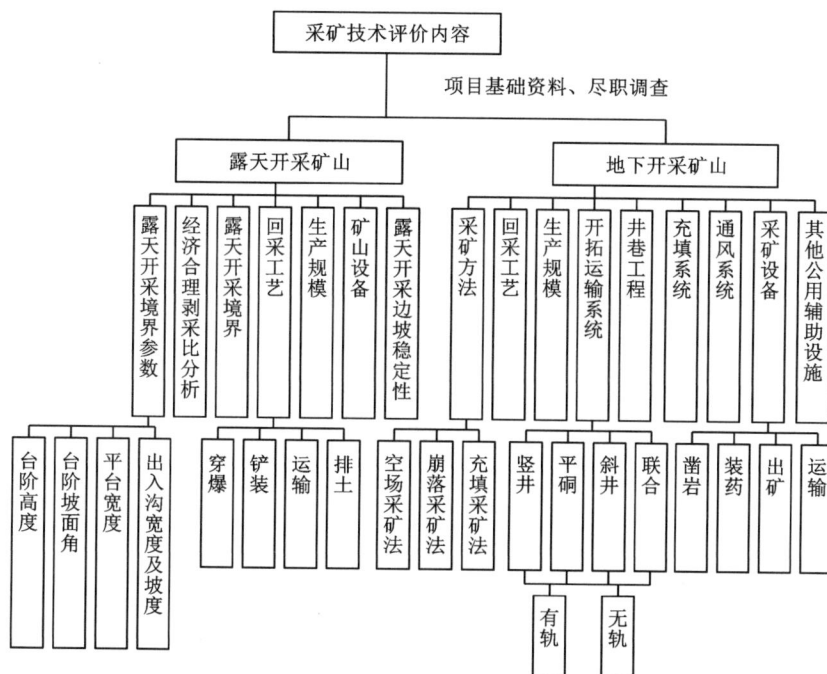

图 3-4　矿产资源项目采矿技术主要评价内容图

（2）评价流程

矿产资源采矿技术评价首先通过收集项目相关资料，根据项目外部建设条件、矿体赋存特征、矿岩的物理力学性质，评价项目的开采方式、采矿方法、回采工艺、开拓运输等方面的可行性，并梳理矿山主要存在的风险因素；其次开展项目技术尽职调查，对初步评价中存在的风险因素进行等级评定；最后采用三维矿业工程软件对项目的技术参数进行论证，判断项目在采矿技术上的可行性，具体评价流程见图 3-5。

3. 选矿工艺评价

选矿工艺评价的目的是明确项目在选矿工艺技术上的可行性，为矿产资源并购提供技术支持。选矿工艺技术评价是以选矿方法及理论为基础，结合实际经验和现场尽调，用类比分析的手段，对比国内外相似选厂的生产实际，评价选矿指标合理性、选矿技术可行性、设备匹配合理性、精矿质量等选矿技术经济参数。

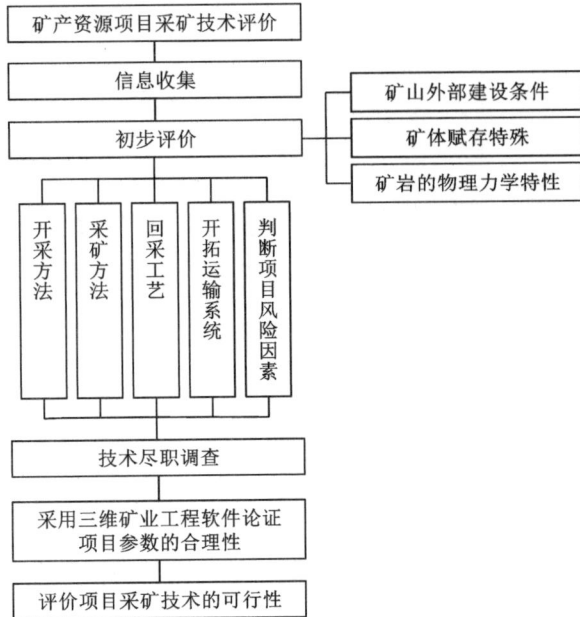

图 3-5　采矿技术评价流程图

（1）评价内容

选矿工艺评价主要从项目资料收集整理、选矿试验、选矿工艺及设备、选矿技术经济指标等方面开展评价，具体评价内容如下：

①资料收集

资料收集工作是开展选矿工艺评价的基础和重点，选矿资料的完备程度决定了选矿工艺评价的准确性和合理性。

一个矿床是否具有工业利用价值，需从多方面进行评价，除了有用成分的储量大小以外，还必须考虑该矿床是否便于开采和加工。因而矿产的可选性是确定矿床工业利用价值的一项重要因素，在找矿勘察的各个阶段都可能要对矿产的可选性进行评价。在进行资料收集工作时需考虑不同阶段的项目开发程度中选矿工作的深入程度。

普查阶段：因本阶段对矿体的控制程度较低，矿床平均品位、各矿石类型所占比例、分布特征等矿体参数均不明确，故本阶段的项目可选性评价，主要是收集该项目的矿物物质组成资料，通过类比法对项目的矿石是否具有可选性进行初步评价。

详查阶段：勘查程度达到详查阶段的项目，因矿床的平均品位、各矿石类型所占比例、分布特征等参数均已基本查明，故可以开展初步的选矿工艺研究。如果可以收集到项目矿石工艺矿物学资料及实验室小型选矿试验报告，则该阶段矿床的可选性评价目的是确定主要成分的选矿方法和可能达到的指标，以便据此评价选矿在技术上是否可行和合理，并指出不同类型和品级矿石的可选性差别。如果项目没有开展相关选矿工艺研究，则必须在项目尽职调查阶段采集样品进行选矿工艺研究。

勘探阶段：需要对矿床做出确切的工业评价，必须进一步确定矿石的加工工艺、合理流程和技术经济指标。收集资料时，除了收集与该矿床不同类型和品级的矿石的可选性试验报告外，还需收集待开发矿床的组合试样试验研究矿床资料，确定矿石采用统一的流程及确定矿山产品方案的合理性。

选厂设计前或设计中：如果该项目已经处于选厂设计阶段，除了收集矿山开发不同阶段选矿基础试验资料以外，还应收集设计前最终选矿试验工艺和指标相关资料，因为设计前的选矿试验是选厂设计的主要依据，在深度、广度和精度上需满足设计需求，在对比详细方案的基础上，提出最终推荐的选矿方法和工艺流程，以及试验各阶段所能提出的各项技术经济指标，包括流程计算、设备和各项消耗定额所必需的许多原始指标或数据，以便于详细地开展选矿工艺评价工作，并提出不同意见和合理建议。另外，对于大型、复杂、难选的矿床或实践经验不足的新工艺、设备及药剂，需进一步收集中间规模或工业试验相关资料。

已建生产中选厂：当选厂已建成或处于生产运营期时，除了收集选矿试验相关资料外，还应对选厂拟采用的或已采用的选矿工艺及设备设施的完备程度、合理性、匹配性进行核算，对已运营选厂还需收集生产指标统计表、耗材清单及选厂运营基本情况等。

②选矿试验评价

选矿试验是矿石可选性评价的基础，也是选厂设计的基础，对选厂工艺流程、设备选型、产品方案、技术经济指标等的合理确定有着直接影响，也是选矿厂投产后顺利达到设计指标和获得经济效益的基础。

选矿试验评价主要从样品代表性、矿物性质、矿石加工处理的工艺流程及技术经济指标等方面进行论证。主要内容如下：

a.样品代表性评价

选矿试验样品的代表性决定了矿床可选性研究的真实性，样品代表性研究出现偏差会使整个评价分析工作失去意义。评价样品代表性主要从质量、数量、工业品级和自然类型几个方面进行分析。

对质量主要从以下三个方面进行分析，即试验样品的性质应与评价矿体基本一致，包括主要化学组分的平均含量(品位)及含量变化特征；试验样品中主要矿物组分的赋存状态，如矿物组成、结构构造、有价矿物的嵌布特性等应与待评价矿体基本一致；试样的理化性质与待评价矿体基本一致，如松散程度、含泥量等。

试验样品的数量需满足不同矿床开发阶段的不同试验性质要求，以保证试验的完整性及试验结果的可靠性、代表性。例如在小型试验阶段，单金属矿石浮选试验样品需 200~300 kg，多金属矿石浮选需 500~1000 kg。

工业品级(如贫矿、富矿、表外矿等)和自然类型(如硫化矿、氧化矿、混合矿)也要根据矿床开发程度来确定。如勘探后期，评价矿山产品方案及选矿厂设计方案时，需以不同工业品级及自然类型的组合试样的试验结果为基础评价依据，确定产品方案及设计流程的合理性。

b.矿物学评价

矿石矿物学分析是选矿工艺及指标评价的基础，主要从矿石主要类型、结构构造、矿物组成及定量，矿物粒度嵌布关系及选矿工艺特征几个方面进行评价分析工作，具体包括检测矿石物理成分和化学成分，确定有价元素含量；主要组分及有价组分的矿物定量评价；主要组分及有价组分的工艺粒度特征评价；有价元素的赋存状态及迁移特征评价；选矿方法及工艺指标评估；选矿试验完整性、合理性评价。

选矿试验完整性评价除了工艺矿物及矿石理化性质外，还包括碎磨工艺试验，选矿工艺试验，脱水试验和毒性分析完整性的评价。具体内容及参数为：

碎磨工艺：主要包括指数测定、可磨度测定、磨蚀指数试验、自磨介质性能试验、洗矿和洗矿溢流处理试验、矿石预选磨矿方法和磨矿流程的试验研究、磨矿产物分析。

选矿工艺及流程：主要包括选矿方法、选别条件试验以及选别流程结构试验研究。如根据不同矿石矿物学性质，开展浮选、重选、磁选、焙烧磁选、重介质选矿、电选、光拣选等选矿方法试验，并对选矿药剂、燃料、介质等主要材料和条件选用开展对比试验；在流程结构上，探讨选别段数、扫选和精选作业的合理次数，进行精矿品位和回收率的优化试验等，并在开路流程试验的基础上，进行闭路流程试验。选矿药剂尽量少用或不用对人体和农林牧渔有害、对环境有污染的药剂。

产品脱水：主要包括对精矿和尾矿做沉降速度试验并绘制沉降速度曲线。

毒性分析：评价工艺流程中的尾矿水、精矿水和其他污水、有害气体、废渣的化验分析数据，是否达到国家排污标准。

③选矿工艺及设备评价

在资料翔实、试验内容完整的基础上评价各种选矿试验结论，对回收率进行核实。包括选矿工艺流程、主要技术参数评价；审查选矿主要设备选择计算及选型配置的正确性；审查矿浆输送及尾矿库的可靠性及合理性；识别并量化关于金属冶炼、配矿、选厂设计、选厂场地、产量和金属回收率方面的风险。

④选矿技术指标经济合理性评价

在确定矿山资源条件后，选矿技术经济指标是评价矿山效益好坏和生死存亡的关键。在选矿试验评价的基础上，需对选矿生产规模、主金属及主要伴生金属的选矿回收率、精矿品位、建设投资、运营成本等主要技术经济指标的合理性进行评价，并核实材料消耗和成本，为建选厂选择合理的设备，找到投入、成本、指标、经济效益最佳平衡点，达到降低前期投入和投产后的生产成本，使矿山获得最大的经济效益，减少矿山的资源浪费的目的。选厂成本核实主要关注衬板、钢球、药剂、滤布、筛网等单耗及单价，并类比矿床所在地区其他选厂成本，提出不同的意见和建议。

（2）评价流程

选矿工艺评价首先根据不同阶段收集的项目资料，确定项目评价内容，然后评价选矿试验研究方法及工艺、设备选型、技术经济参数的合理性，最后判断项目在选矿工艺技术上的可行性，为资源收并购提供技术支撑。

4. 冶金工艺评价

冶金工艺技术评价的目的是明确项目在冶金工艺技术上可行，为矿产资源并购提供技术支持。冶金工艺技术评价主要根据精矿矿物成分，合理选择冶金工艺流程，评价项目在冶金工艺上的可行性，主要包括工艺流程的可行性、设备的可靠性、技术经济指标的合理性。选矿技术评价流程如图3-6所示。

目前，冶金工艺分为火法冶金和湿法冶金两大类。

选矿工艺评价工作流程图

确定项目阶段

普查找矿阶段	初步勘查阶段	详细勘查阶段	选厂设计阶段	选厂已生产运营
矿物物质组成资料	工艺矿物资料小型实验报告	矿石可选性研究报告矿床组合试样试验报告	基础试验资料最终选矿试验工艺和指标可研/设计资料	设计资料设备资料生产技术经济指标

选矿试验评价

矿物学   试样代表性   完整性合理性

选矿工艺、设备评价

技术经济指标评价

提交评价报告

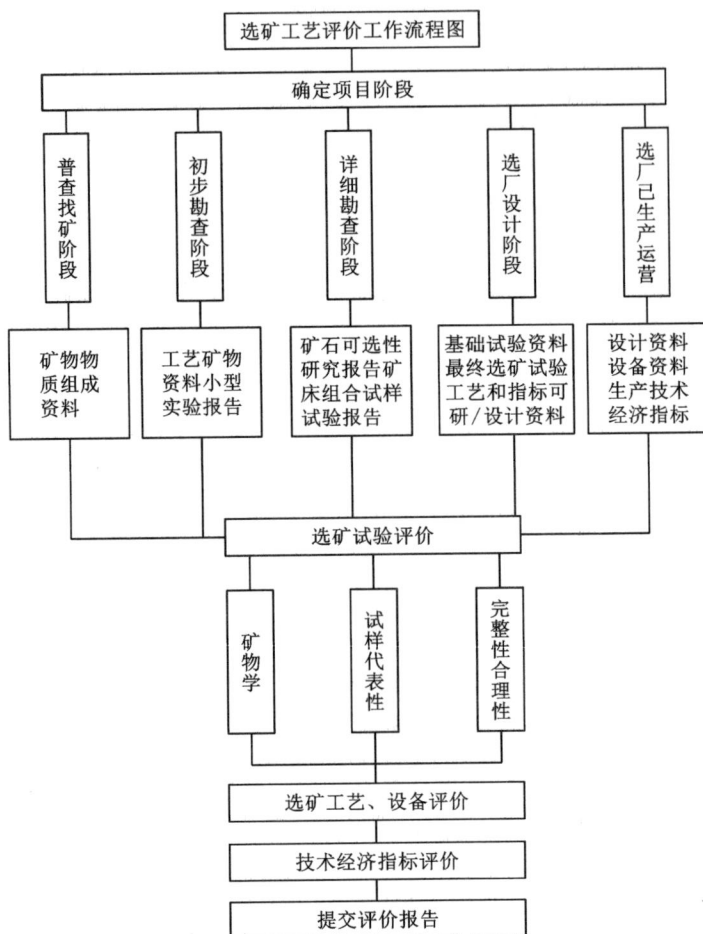

图 3-6　选矿技术评价流程

依据设计标准和项目地的安全环保等法律法规，通过对冶金工艺和建设方案等进行详尽的技术评价，准确判断冶金工艺的可行性，主要内容有：

①对项目原辅材料和产品品种及特性、工艺流程的选择、技术指标和生产成本等内容进行对比分析，并根据相关法律法规和行业惯例判断其合理性和准确性；

②通过计算，判断项目选择的主辅设备是否合适、车间配置是否合理、公辅设施布置是否合理、"三废"是否按照环保要求进行了处理；

③评价冶炼厂厂址选择是否合适；

④评价原辅材料来源和运输方式是否可靠；

⑤对冶炼厂生产规模、建设投资、运营成本等主要技术经济指标的合理性进行评价。

5. 建设条件评价

主要从矿山开采及选冶所必需的外部条件，如供水、供电、交通等方面进行评价：

（1）供水：了解项目生产过程中所需的生产用水、生活用水主要来源、与项目地的距离、可供给量、水费、用水许可等情况，评价供水是否满足矿山和选厂的要求。

（2）供电：了解项目外部电网设施与项目地的距离、可供给量、电价、用电许可等情况，评价供电负荷是否满足矿山和选厂的要求。

（3）交通：了解项目水路、陆路、航空等交通途径与项目地的距离、交通状况等情况，评价交通运输条件是否满足矿石的运输要求。

（4）主要对项目当地的建材及生产原辅材料供给情况、项目现场已有设施情况、供气管路、通讯、设备维修、生活物资供应和劳动力等情况进行了解，以便为下一步项目经济性评价的相关计算提供参考。

6. 自然环境评价

（1）地形地貌条件：了解项目地海拔高度、地形类别、地貌特征、植被分布等情况，评价以上情况对项目开发可能造成的影响。如对于海拔高度大于 5000 m 的矿产资源，其矿山工作制度变化（主要相比低海拔项目年工作天数减少）及相关职工薪酬、原材料价格的上涨均会对项目的经济性产生重大影响，一般对海拔高度大于 5000 m 的项目暂不考虑。

（2）气象条件：了解项目地气候类型、年平均降雨量、年最大降雨量、小时最大降雨量、年平均温度、最高温度、最低温度、最大冻结深度、最大积雪深度、年平均日照时间、最大风速及风向、盛行风向、地震烈度等情况，评价以上情况对项目基础设施建设产生的影响。

（3）环保：目前无论是发达国家还是发展中国家，在制定和完善矿业法的过程中，都非常注重对环境问题的考虑。在环境保护方面，从勘查、采矿、选矿、冶炼到闭坑复垦，都有相关的环境保护和管理规定。因此，在做项目评价时必须对环保方面进行详细评价，以避免对项目的后期开发产生重大影响。评价的主要内容如下：

①对当地的相关环境保护法律法规进行了解、掌握，明确项目是否位于环境保护区内。

②如果项目位于环境保护区内，是否可以进行勘查、矿山开采，是否需要办理相关许可文件。

③当地对"三废"的排放要求。

（4）建筑及历史遗迹

在项目评价的过程中要注意项目地周边是否存在公路、铁路、历史遗迹等，并按照相关法律规定，评价以上建筑或遗迹等对项目开发所造成的影响。评价的主要内容如下：

①项目地周边如有主要交通线路，如高速公路、铁路等，当地的相关公路、铁路安全法对道路两旁可开采范围的限制是否对项目的资源储量产生影响。

②项目区内或附近如有历史遗迹、宗教建筑等，项目的勘查开发是否会对其造成影响。

③项目区内是否存在居民区，项目的开发对居民区的影响，是否需要对居民区进行拆迁。

7.社区环境评价

随着人民环保意识和自我保护意识的提高，矿业开发过程对社区环境的影响及社区关系的正确处理，也成为制约矿产资源项目开发的重要因素。

不论国内还是国外，矿业开发都会对当地社区环境产生影响，有利有弊。有利影响包括，改善或增加当地基础设施条件，大幅提高和活跃当地经济，增加社区居民就业机会和收入，改善了当地居民生活、教育、医疗水平。不利影响包括矿业开发过程对当地环境造成污染和破坏，因矿业设施的增加导致当地居民搬迁，失去耕地，改变社区居民以往的生活方式，甚至是外来文化对当地文化及居民宗教信仰的冲击等。

当地社区居民作为矿业开发的直接利益方，对矿业开发持有的态度或将直接决定矿业项目能否顺利开发运营，能否处理好矿业开发过程与当地社区的关系，也是对矿业开发企业的严峻考验。

因此，我们在评价过程要从利弊两方面去评价资源项目对当地社会、社区的影响。主要评价内容包括：

（1）社区及附近基础设施。

（2）社区居民受教育程度、就业方向、收入及经济来源。

（3）社区居民生活、医疗水平。

（4）当地社区居民生活方式、宗教信仰及对外来文化的接受程度。

（5）资源开发对当地居民生活环境、用水、用电、道路交通等基本生活条件的影响。

（6）待开发项目区域内是否有居民需要搬迁，以及搬迁难度。

（7）待开发区域内是否存在耕地、牧区、林场等土地损失，以及因损失引发的赔偿。

（8）当地社区对矿业开发的接受程度。

8. 矿产资源并购项目经济性评价方法

对项目的经济性评价一般采用资产评估的思路及方法。资产评估途径是判断资产价值的技术思路，主要有市场途径、收益途径和成本途径三大基本途径。通过这些技术思路产生具体的评估方法，构成资产评估方法体系的基本架构。矿业资产作为资产的一种，其评估途径和方法具有资产评估的一般性，也有作为矿业资产的特殊性。

成本途径是基于产生实用价值的成本来分析的，即资产价值取决于获得或生产该资产的成本，或者有相同、相似使用价值的替代资产的获得或生产成本。矿业市场的成本评估途径是指通过矿业项目的现实成本加或减溢价、贬值来评估矿业资产。由于矿业资产的不可确定性，使资产投入与产出差异巨大，相同的投入也很难有相同的产出，因此，矿业资产采用成本途径评估，可靠性不高，仅仅依靠投入来评估，对于矿产资源不明晰的情况还可接受，而对于探明的矿产资源这一方法则不易被接受。国外通常将成本途径用于缺少相关市场交易可供参照的情况，并与其他途径配合使用。这一途径对评估人员的专业要求较高，要求他们具有较好的地质调查知识和较丰富的勘查经验。在美国等国的财产纠纷判例中，法院很少认同和采信这一方法，但可以作为一种分析工具，来分析影响资产不同因素的价值贡献，通常成本投入大的因素较为重要。这一途径的具体方法有估定值法、勘查投入乘数法、重置成本法等。

收益途径是通过评估资产在未来预期收益的现值来判断资产价值的各种评估方法的总称，采用将利求本的思路，按照未来的收益来判断和估算资产的价值。任何一个理智的投资者，在购置或投资某一资产时，所愿意支付或投资的货币数额不会高于所购置或投资的资产在未来能给其带来的回报，即收益额。收益途径适合于技术经济数据比较丰富的情况下，一般探明了资源量，采用折现现金流量模型计算。对于没有明确矿产资源的资产，收益途径评估矿业资产并不是一个适当的办法。同时，收益途径评估矿业资产还存在众多有争议的地方，主要是对矿业未来的技术、经济参数等如何合理预测。这一途径的具体方法有折现现金流量法、实物期权定价法等。

市场途径是利用市场上同样或类似资产的近期交易价格，经过直接比较或类比分析以估测资产价值的各种评估技术方法的总称。因为任何一个正常的投资者在购置某项资产时，他所支付的价格都不会高于市场上具有相同用途的替代品的现行市场价格。在评估某一矿业资产的价值时，根据替代原理，将待评估的矿业资产与近期完成交易的、类似环境和类似地质特征的矿业权的地质、采选等各项技术、经济参数进行对照，分析其差异，对参照的矿业权价值进行调整，调整后的价值作为待评估矿业资产的价值。这一方法较为直接，但与矿业市场的完善、成熟程度有关，如果同一成因类型、各地质因素相近、近期进行交易的可比矿业资产交易不多，相关的资料较难收集，甚至是无法收集，这种评估方法就会难以应用。这一途径的具体方法有可比销售法、联合风险勘查协议法、经验法等。

按照《中国矿业权评估准则》，矿业权评估的三种途径可选用 10 种方法。

收益途径分为一般折现现金流量法、折现剩余现金流量法、剩余利润法、收入权益法和折现现金流量风险系数调理法，主要适用于采矿权评估，对于详查以上的勘查阶段的探矿权或赋存于稳定的沉积型大中型矿床在普查阶段的探矿权评估也可选用。

成本途径分为勘查成本效用法和地质要素评价法，主要适用于普查阶段的探矿权评估，由于对于不同矿种的探矿风险不同，这一评估方法在《中国矿业权评估准则》中明确规定不适用于赋存稳定的沉积型大中型矿床中勘查程度较低的普查阶段的探矿权评估。

市场途径分为可比销售法、单位面积探矿权价值评判法和资源品级探矿权价值估算法，后两种评估方法都是粗估法，是可比销售法的简化应用。

矿业权资产价值评价方法的选择主要依靠矿产资源勘查开发阶段来确定，数据越丰富,评价方法越容易确定。不同勘查开发阶段的矿业资产需要寻找适合的评价方法。

按照资源勘查程度,是否获得储量也可以成为选用合适评估方法的重要依据。在加拿大多伦多证券交易所创业板市场上市规则中,交易所可接受的首选评估方法规定:对于获得储量的矿业资产,有当前或相关的可行性报告的,首选折现现金流量法,对仅为资源量的一般不接受折现现金流量法;对于没有获得储量的矿业资产,市场比较法为主要适用方法,可以决定资产的公允市场价值,若采用成本法,交易所一般不接受可保证的预期投入,相关的管理投入也不接受。

在一般资产评估概念中,成本途径下较常用的方法还有成本重置法和成本复制法。这两种方法的主要理论依据都是看目前的经济环境和价格水平下获得或复制一个被评估资产所需要的成本是多少,这也代表了被评估资产目前的价值。然而,由于每个矿资产在一定程度上都有其特殊性和唯一性,因此,理论上来说也不存在复制或重置一个矿资产的可能性。正是因为如此,这两种方法在矿资产评估中也并不被采用。

下面将对三种评估途径中的常用的评估方法进行介绍。

(1)可比销售法

可比销售法是基于替代原则,将评估对象与在近期相似交易环境中成交,满足各项可比条件的矿业权的地质、采矿、选矿等各项技术、经济参数进行对照比较,分析其差异,对相似参照物的成交价格进行调整估算以评估对象的价值。

通常可比销售法既可用于待开发阶段的矿产,也可用于勘查阶段的矿产,但主要还是用于勘查阶段的矿产,以及处于勘查初级或较高级阶段有推测资源量或指示资源量的矿产。在资源的经济性没有查明前,粗估法、可比销售法是西方国家较为常用的方法。

可比因素通常包括:可采储量、矿石品位(质级)、生产规模、产品价格、矿体赋存开发条件、区位基础设施条件、资源储量、物化探异常、地质环境与矿化类型。

不同的地质勘查工作阶段选取不同的可比因素,其计算公式不同。

按照《中国矿业权评估准则》,详细勘查阶段以上的探矿权及采矿权评估(含简单勘查或调查即可达到矿山建设和开采要求的无风险的地表矿产的采矿权评估)计算公式:

$$P = \frac{\sum_{i=1}^{n} \left[P_i \cdot (\mu_i \cdot \omega_i \cdot t_i \cdot \theta_i \cdot \lambda_i \cdot \delta_i) \right]}{n} \tag{3-6}$$

式中：P——评估对象的评估价值；

P_i——相似参照物的成交价格；

μ——可采储量调整系数；

ω——矿石品位(质级)调整系数；

t——生产规模调整系数；

θ——产品价格调整系数；

λ——矿体赋存开采条件调整系数；

δ——区位与基础设施条件调整系数；

i——相似参照物序号；

n——相似参照物个数。

勘查程度较低阶段的探矿权评估计算公式：

$$P = \frac{\sum_{i=1}^{n} \left[P_i \cdot (P_a \cdot \xi \cdot \omega \cdot \nu \cdot \varphi \cdot \delta) \right]}{n} \tag{3-7}$$

式中：P——评估对象的评估价值；

P_i——相似参照物的成交价格；

P_a——勘查投入调整系数；

ξ——资源储量调整系数；

ω——矿石品位(品质)调整系数；

ν——物化探异常调整系数；

φ——地质环境与矿化类型调整系数；

δ——区位与基础设施条件调整系数；

n——相似参照物个数。

(2)地质要素评序法

地质要素评序法是基于贡献原则的一种间接估算探矿权价值的方法。具体是将勘查成本效用法估算所得的价值作为基础成本，对其进行调整，得出探矿权价值。调整的依据是评估对象的找矿潜力和矿产资源的开发前景。要求矿权地已进行较系统的地质勘查工作，有符合勘查规范要求的地质勘查报告或地质资料，并具备比较具体的、可满足评判指数所需的地质、矿产信息，在探矿权外围有符合要求的区域地质矿产资料。

按照《中国矿业权评估准则》，其计算方法如下：

$$P = P_c \cdot \alpha \cdot \Big[\sum_{i=1}^{n} U_i \cdot P_i \cdot (1 + \varepsilon) \Big] \cdot F \cdot \prod_{j=1}^{m} \alpha_j \qquad (3-8)$$

式中：P——地质要素评序法探矿权评估价值；

　　　P_c——基础成本（勘查成本效用法探矿权评估价值）；

　　　α_j——第 j 个地质要素的价值指数（$j=1, 2, \cdots, m$）；

　　　α——调整系数（价值指数的乘积，$\alpha = \alpha_1 \alpha_2 \alpha_3 \cdots \alpha_m$）；

　　　m——地质要素的个数。

由于本方法中的价值指数是由专家评判而来，本方法的最终评估价值主要取决于专家经验的丰富程度，因此《中国矿业权评估准则》要求采用本评估方法所聘用的专家应具有丰富实践经验和高级以上技术职称。一般以地质矿产专业为主，根据评判需要兼顾物化探、矿业经济等专业，聘用专家人数不少于 5 名。

（3）折现现金流量法

折现现金流量法是在一定的假设条件下通过估测和计算被评估对象在评估期间的预期收益，将其折算成现值，以此确定被评估对象价值的一种评估方法，此方法是采矿权评估中经常采用的一种基本方法。

其基本原理为，任何一个矿业投资者拥有该矿权地，都能够获得一定的收益，并且在采矿权交易过程中，买卖双方所支付或获得的价格都不会大于该矿权地的预期收益现值，这是因为投资者有权取得与投资风险相匹配的超额收益，但也不能全部占有因矿业开发所带来的超额利润。换言之，采矿权价格只是因矿业开发所带来的超额利润的一部分，故可借助扣除法加以确定，即先从矿业开发收益中扣除矿业投资者应该获得的合理收益（涵盖其合理的风险收益），剩余部分就是采矿权的合理价格。

《矿业权评估指南》给出了折现现金流量法的计算方法，即：

$$P = \sum_{t=1}^{n} (CI - CO)_t \cdot \frac{1}{(1 + i)^t} \qquad (3-9)$$

式中：P——矿业权评估价值；

　　　CI——年现金流入量；

　　　CO——年现金流出量；

　　　$(CI-CO)_t$——年净现金流量；

　　　i——折现率；

　　　t——年序号（$t=1, 2, \cdots, n$）；

n——评估计算年限。

9. 矿产资源并购项目风险评价

在国内市场，要想在激烈的市场竞争中突出重围，做大做强，必须要走国际化经营路线，与时代接轨。我国政策鼓励企业积极"走出去"，以海外并购为重要方式，企业通过这种方式在全球范围内快速获取优势资源，我国企业在"走出去"的过程中，机遇与挑战并存，抓住机会实现可持续发展并非易事。近几年，中国矿业企业已成为海外并购市场的主力军之一，但总的来看，"凯旋者少，铩羽而归者众"。而原因除了客观实力问题以外，大多是自身功课做得不到位，对"走出去"可能面临的风险研判不足。海外并购活动的频率与成功率并不能等同，资源型企业起步晚、经验不足、投资周期长、规模大、范围广、要求高，因此，资源型企业进行海外并购，面临的风险错综复杂，要在做出决策前对风险进行识别与应对，将风险发生的概率降至最低。

风险评价是指对比风险分析结果与风险评估标准，以确定或决定风险及其实际所处的等级或程度，做出风险水平"微小、较小、一般、较大、重大"的说明和提示，确定风险是否能够接受和容忍的过程。

开展风险评估，可以通过调查问卷、集体讨论、情景分析、事件树分析、计算机模拟等方法，运用定性分析与定量分析等方法，对决策实施的风险进行科学预测、综合研判。

本项评价方法主要是在以上技术评价、环境评价、经济性评价的基础上，根据每一项评价所存在的问题，对该项问题所可能导致的项目风险进行打分，并根据每一项风险制定相关措施以规避风险或降低风险等级。

评估风险水平要综合考虑风险发生的可能性和风险发生后的影响程度（风险水平＝风险影响程度×可能性）。

关于可能性的量化分析，每个维度可以进一步细化为若干评分标准，影响程度分为 5 个等级，分别赋予 0 至 100% 的区间评估值，表示发生可能性依次加强，得分越高意味风险发生的可能性越大。

严重程度的量化分析，每个维度可以进一步细化为若干评分标准，影响程度分为 5 个等级，分别赋予 0 至 100 分的区间评估值，表示影响程度依次加强，得分越高意味风险影响程度越大。

表 3-1　风险等级评分表

		风险发生后的影响程度				
		极低 微不足道 （0~20]	低 轻微 （20~40]	中等 中度 （40~60]	高 重大 （60~80]	极高 灾难性 （80~100]
风险发生的可能性	极低 几乎不可能 （0~20%]	微小风险	微小风险	较小风险	一般风险	一般风险
	低 不太可能 （20%~40%]	微小风险	微小风险	较小风险	一般风险	较大风险
	中等 可能 （40%~60%]	微小风险	较小风险	一般风险	较大风险	重大风险
	高 很可能 （60%~80%]	较小风险	一般风险	一般风险	较大风险	重大风险
	极高 确定/肯定 （80%~100%]	一般风险	一般风险	较大风险	重大风险	重大风险

项目综合风险等级划分为 5 个级别，处置原则详见下表：

表 3-2　风险处置原则

等级	定义	风险值范围分	处置原则
V	极低	0~20	极低风险，完全可以接受的风险。可以忽略，按计划推进项目
IV	低	21~40	低风险，可接受的风险。观察风险变化情况，维持风险等级
III	中	41~60	中等风险，边缘风险。需制定风险处置方案，确定风险责任人，在一定期限内对风险进行处置并降低风险
II	高	61~80	高风险，不可接受风险。需紧急采取应对措施，及时确定风险责任人，尽快降低风险
I	极高	81~100	极高风险，不可容忍风险。需立即实施综合处置措施，或在风险降低之前停止与项目相关的活动
V	极低	0~20	极低风险，完全可以接受的风险。可以忽略，按计划推进项目

续表3-2

等级	定义	风险值范围分	处置原则
IV	低	21~40	低风险,可接受的风险。观察风险变化情况,维持风险等级
III	中	41~60	中等风险,边缘风险。需制定风险处置方案,确定风险责任人,在一定期限内对风险进行处置并降低
II	高	61~80	高风险,不可接受风险。需紧急采取应对措施,及时确定风险责任人,尽快降低风险
I	极高	81~100	极高风险,不可容忍风险。需立即实施综合处置措施,或在风险降低之前停止与项目相关的活动

对评分为高级和极高等级的二级专项风险,制定风险应对方案。

风险应对方案应包括解决特定风险所要达到的具体目标、所涉及的管理及业务流程、所需的条件和资源、所采取的具体措施及风险应对工具等内容。方案须对消除或降低风险等级具有可操作性、经济性和时效性。

表 3-3 矿产资源项目前期论证及投资决策阶段专项风险评价标准(示例)

一级风险	二级风险	评价内容
资源风险	资源储量风险	资源评估标准
		资源级别
		资源数据与公司地质建模结果的误差
	资源矿种风险	资源矿种与公司资源战略的吻合程度
		资源矿种与当地矿业法规的吻合程度
资源风险	资源品位风险	资源平均品位与行业标准的对比结果
		国内(国外)资源项目平均品位与我国(国外)行业标准对比结果
		资源平均品位与同地区类似资源项目的品位对比结果
	资源信息风险	原始地质编录数据与钻孔数据库的一致性程度
		钻孔数据与岩芯分析或副样分析的一致性程度
		钻孔数据与验证工程取样化验分析的一致性程度

续表3-3

一级风险	二级风险	评价内容
技术风险	采矿工艺技术风险	矿床开采技术条件：开采难易度、采矿损失率、贫化率、回采率
		采矿工艺技术的成熟度
	选矿工艺技术风险	选矿厂设计指标是否可行，规划是否合理
		选矿工艺技术的成熟度
	冶炼工艺技术风险	冶炼厂设计指标是否可行，规划是否合理
		冶炼工艺技术的成熟度

3.3　矿业企业资本运作

3.3.1　矿业企业资本运作的概念

矿产资源的资本运作是指不直接进行矿产资源勘查开发和矿业权运作，而是通过矿产勘查风险投资和融资、企业改制重组或兼并、股权转移、期货交易等方式进行投资或者融资，间接地控制矿业权或者通过对矿业企业施加影响从而获利的过程，其实质是以矿产资源的价值为基础，实现资本的流通和价值的增值。

矿业项目不同阶段的资本运作模式不同。矿产开发的不同阶段，在矿业资本市场上的筹措方式也常常不同，很少在整个过程是单渠道融资。预查、普查阶段，投资风险高，最终能够找到可开发经济性矿床的概率分别只有0.1%和3%~5%，资本需求量相对较小，没有现金流入，融资方式只有私人资本和财政资金；详查、勘探阶段，随着勘查程度的提高，资金需求量增加，没有现金流入，适合采取风险资本、项目融资的方式；矿山设计、开发阶段，资金需求量最大，虽然没有现金流入，但风险降低，比较适合私募股权融资；矿山试生产阶段，资金需求量小，有少量现金流入，上市融资是较为理想的融资方式；矿山正常生产经营阶段，流动资金为其主要资金需求量，有大量的现金流回收，较为适合的融资方式是发行债券，也是合并重组的较好时机；矿山关闭阶段，需要大量资本做闭坑和环境恢复工作，几乎没有现金流流入，融资方式主要靠企业内部资金。不同的项目阶段的资本运作模式如图3-7所示。

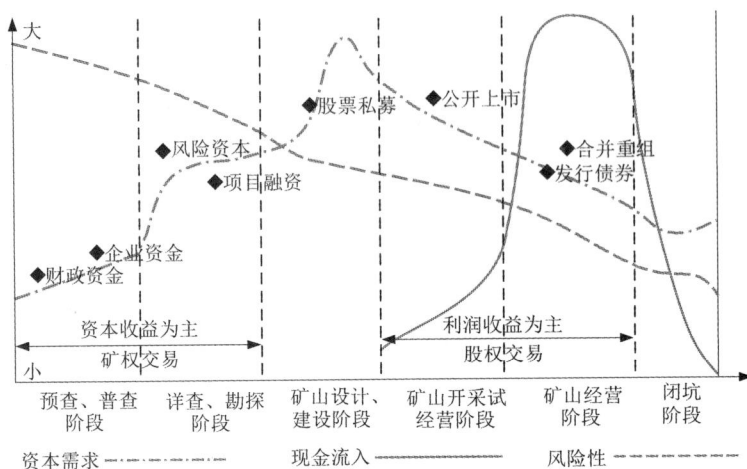

图 3-7　不同的项目阶段的资本运作模式

3.3.2　矿业企业资本运作的意义

矿业公司可以利用资本市场，通过资本运作战略做大做强。必和必拓、淡水河谷、力拓、美铝等国际矿业巨头不仅是上市公司，并且在世界各地多个国家的证券交易所公开上市。例如，必和必拓公司在澳大利亚、伦敦和纽约等地的证券交易所挂牌上市，南非安格鲁黄金公司在巴西的约翰内斯堡交易所、纽约证券交易所、澳大利亚证券交易所、伦敦证券交易所、巴黎交易中心以及布鲁塞尔交易中心等多个地区公开发售股票进行融资。多地同时上市，不仅使公司具备了极强的在国际资市场上融资的能力，而且很好地分散了企业资金运作的风险。通过各地资本市场上募集来的巨额资金，各大矿业巨头便可以收购兼并潜力巨大的矿业资源或在产项目，从而获得快速发展。

3.3.3　矿业企业资本运作模式

1. 发行上市

（1）直接上市

国内直接上市融资是指矿业企业根据国家《公司法》和《证券法》要求的条件，经过中国证监会批准上市发行股票的一种融资方式。

根据我国《公司法》的规定，股份有限公司申请其股票上市交易必须满足下列条件：股票经证监会批准已向社会公开发行；公司股本总额大于 5000 万元；经营时间不少于三年，并且最近三年实现连续盈利；如果是国有企业依法改制设立的，且发起人为该国有企业的，改制前时间可加入计算；持有股票面值达 1000 元以上的股东人数至少 1000 人，向社会公开发行的股份占公司股份总数的比例超过 25%；如果公司股本总额超过 4 亿元规模，其向社会公开发行股份的比例至少为 10%；最近三年内公司无重大违法违规的行为，财务会计报告没有虚假记载的情况发生。

发行上市的流程。一是改制，我国公司总体分为有限责任公司和股份有限公司两种。通常公司开始成立时大多为有限责任公司，但是法律规定上市的必须是股份有限公司，所以要把公司形式改变为股份有限公司。二是辅导，改制为股份公司之后，券商必须对企业进行上市辅导，一般时间需要一到三个月，偶尔也有更长的。主要是让企业建立起完全符合上市要求、相对完善的运营体制。三是申报，辅导完成以后就是制作上市的申报材料，然后将申请文件提交证监会。从开始制作到申报顺利的话大概需要两三个月时间。四是沟通反馈，证监会受理申报材料之后会和企业以及相关中介机构反馈沟通，通过开见面会、出具书面的反馈意见等方式。企业和中介机构要根据证监会的要求继续深入核查、说明，相应地修改完善申报文件。五是召开发审会，沟通得差不多以后，证监会就会组织召开发行审核委员会，俗称"上会"。7 名委员现场开会，请企业和保荐代表人当场答辩，5 个人以上同意的话就算"过会"。六是发行上市，通过发审会后，一般来说意味着证监会同意了企业的发行申请。再对申报材料进行一些小的修改完善以后，证监会就会给发行批文（正式名称叫作核准文件），企业拿着这个文件就开始发行，然后向交易所申请挂牌上市。

（2）借壳上市

国内借壳上市融资是非上市矿业公司在国内资本市场通过收购控股上市企业来取得合法的上市地位，然后进行资产和业务重组进行发行配股的一种融资方式。

借壳上市过程大致分为三个步骤：

首先，取得壳公司的控制权。取得壳公司控制权有三种方式。一是股权转让，收购方与壳公司协议转让股份或在二级市场收购股份，锁定期为 12 个月。该方式的优点是锁定期短、审批程序简单、协议收购可压低价格，缺点是需要大量现金以及后续资产重组。二是增发新股，壳公司向收购方定向增发股份并达到一定比例，锁定期为 36 个月，收购价格不低于基准日前 20 个交易日均价的 90%。该方式的优点是现金需求少、控制权转移和资产重组一步完成，缺点是锁定期长、审批程序复杂、有明确收购价格下限。三是间接收购，收购方收购壳公司的母公司，实现对上市公司间接控制。该方式的优点是锁定期短甚至没有、审批程序简单、协议收购可压低价格，缺点是需要大量现金以及后续资产重组。

然后，壳公司原有资产负债置出。实现借壳上市需要将壳公司全部资产负债及相应人员、业务置换出去，主要有关联置出和非关联置出两种方式。关联置出是向与壳公司大股东转让，或借壳企业大股东接收；非关联置出是向与壳公司不存在直接控制关系的第三方转让，如果资产质量太差，往往需要向第三方支付补偿金。

最后，借壳企业的资产负债置入。借壳企业将全部（整体上市）或部分资产（非整体上市），以及相应业务人员置入借壳对象中，支付对价的方式有三种：一是现金，壳公司很难支付大笔现金，实践中较为少见；二是增发新股，与关联置出中的资产接收方为借壳方情形相对应；三是以拟上市资产置换原有资产。

2.私募股权

私募股权投资最初起源于风险投资，发展初期以中小企业初创期、成长期和扩张期为主，在美国风险投资/创业投资也是私募股权投资的代名词。20 世纪 80 年代开始，私募股权投资有了新的含义，有别于风险投资。风险投资范围主要是资源性公司、高新技术公司的初创期融资；私募股权投资范围主要是处于成长期的公司，这时公司已初具雏形，有稳定的现金流。因此，私募股权基金有狭义和广义之分，广义的私募股权投资全面覆盖企业在 IPO 之前各阶段的股权投资，包括公司处于初创期的风险投资、公司处于成长期的直接投资，甚至包括管理层收购以及并购基金。狭义的私募股权投资与天使投资、风险投资相对应，是指以直接投资或收购的方式投资于有增长潜力的成熟企业，即成长型投资。

私募股权投资主要是指以私募形式对非上市公司进行股权投资，在股权交割之前，尽职调查需要充分考虑投资的退出机制，是包装上市、管理层回购还是转让出售。私募股权投资具有以下特点：

（1）非公开性。公募股权基金要求及时公开披露信息，采取公开发行的方式销售；私募股权投资风险较大，要求风险识别能力较强，往往向特定的具有专业投资能力的机构或自然人募集资金。

（2）非流通性。公募股权基金采取公开发行的方式，决定其可以在资本市场上自由转让，不存在流动的阻力；私募股权基金转让需要中介机构协助或股权交易机构挂牌寻求受让者，流通性较差，在投资时须充分论证退出渠道的问题。

（3）退出多样性。私募股权基金退出渠道最好的选择是 IPO 发行上市，其次是被其他大公司并购或被标的公司管理层回购，最差是企业破产清算。从美国近年800 支私募股权基金退出机制来看，选择上述四种渠道的基金比例为 2：2：4：2。

（4）投资高收益性。私募股权投资的收益高低取决于投资公司所处项目周期阶段，一般越是处于项目前期，存在的不确定性风险就越多，投资收益也越高。投资资本增长性要充分考虑管理费和红利方面的支出，一般来讲，在做盈利性分析时，投资年化收益率要至少在 20% 以上才能予以考虑。

（5）参与经营管理。私募股权投资时，通常会争取在公司董事会享有一定的话语权，积极参与公司的经营管理，主要包括制定公司的发展战略，分析内外市场环境及时调整经营方向，改善公司财务状况，提升公司盈利能力，策划公司上市运作，获得退出时的可观收益。

（6）投资周期长。私募股权投资对象一般是非上市企业，在到期后才将所有投资变现，并将收益分给基金投资人，私募股权投资的投资期限通常为 3~7 年或更长。

私募股权基金的运作流程可以细分为募资、投资、运营、退出四个环节。一是募资阶段，私募股权基金筹资来源相对广泛，可以是保险机构、投资银行、政府专项公益基金以及特定个体投资者。二是投资阶段，私募股权基金完成筹资后进入投资阶段，基金经理需要通过中介机构广泛获取投资项目信息，开展尽职调查工作，对项目市场前景、盈利能力模式、项目管理团队以及经营财务风险等方面进行分析，提出投资决策建议后，与目标企业就投资收益分配、参与公司经营管理等方面谈判达成共识，然后进行股权交割。三是运营阶段，私募股权基金对参与企业经营决策的要求各不相同，大多私募股权基金不会干预公司的日常生产经营，重点关注对公司业务的整合和优化，提升企业的盈利能力和管理能力，通常在董事会上争取几个名额的席位，在投资决策中享有一定的话语权，私募股权基金通常与被投资的公司签订一些补充协议，包括对赌协议，用于估值调整；反稀股协议，用于阻止再次融资稀释原有股东的权益；优先退出协议，公司管理者不得在私募股权基金之前退出企业。四是退出阶段，私募股权基金在投资之前就开始考虑退出渠道的问题，通常流程为 IPO 发行上市、管理层收购、股权转让、分拆出售和破产清算，基金存续期满，投资者获取相应的投资收益之后，基金组织自动解散。

3. 项目融资

项目融资起源于 20 世纪 30 年代美国能源矿产开发利用的筹集资金，其融资模式是以项目本身的资产作为抵押，以项目的预期收益作为还款来源，其本质是一种追索权有限或没有追索权的贷款融资，目前已经得到国际上的广泛认可。

项目融资属于债权融资的一种，其有限追索的性质决定了其与一般债券和银行贷款有着显著差别，其特点体现在如下几个方面：

（1）以现金流为基础。一般银行贷款和公司债券侧重于企业信用的评级和企业财务报表的审查，项目融资的关键在于对项目的市场前景分析和预期项目未来产生的收益，只要项目发展有足够的潜力，形成的现金流就可以还本付息，这是进行项目融资的前提条件。

（2）信用结构多样化。项目融资的信用可以充分借助供应商、承包商、产品客户等合作伙伴，提高项目的信贷融资能力。在销售项目产品时，与产品的需求者签订一种长期买卖合同，作为项目融资的信用支撑；在项目基建时，与行业领域有影响力的施工单位签订规范的承包合同，作为项目融资的信用支撑；在购买原材料时，与资信能力和声望较高的供应商签订稳定的供货合同，作为项目融资的信用支撑。

（3）风险分担多元化。股权融资的风险往往集中在投资者，银行贷款风险往往集中在担保者和贷款者。项目融资的风险分散于各个环节的参与者，这里面包括材料设备供应商、工程施工单位、项目公司、保险公司、担保机构、产品或者服务的购买者等。

（4）债权有限追索性。债权人对项目发起人没有追索权或者有有限追索权，项目未来产生的现金流是保障债务还本付息的主要源泉，项目发起人承担有限追索权是指附期限或附条件的在时间和额度方面的有限性。

（5）表外融资的特性。项目融资的发起人可以避免直接从银行贷款，这样项目债务就不会反映在项目发起人的公司财务报表上，对其财务状况不产生负面影响。项目融资可以改善投资者实际的资产负债率，降低企业未来的融资成本，因此受到项目发起人的青睐。

（6）融资程序复杂性。项目融资涉及各个环节的参与者，融资结构复杂，需要多维度、多角度分析风险，设计一个完成的融资方案通常需要大约半年时间，个别大型或特大型项目的融资到位时间更长。项目融资的成本与项目发起人承担的责任呈负相关，与债权人在融资过程中承担的风险呈正相关。项目融资涉及顾问费、法律服务费、谈判支出等前期费用，往往融资成本高于同等条件下银行贷款利息。

以上分析得出，尽管项目融资的缺点是融资结构复杂、融资成本高，但其表外融资和有限追索的特性是其他债权融资不能比拟的。

从理论上讲，矿业企业有多种融资方式可以选择，具体到实践中却受各种因素的制约：目前我国上市融资的准入门槛较高，处于勘查阶段的矿业公司无缘公开发行 IPO；银行贷款对财务报表审核也比较严格，矿业权抵押贷款在我国实践过程中难以推广，处于勘探阶段的项目获得信贷融资也很困难。我国矿业企业以中小型矿山为主，无论是上市融资还是从银行贷款都相对困难，项目融资则能表现出较强的适应性。

项目融资的预期收益导向适合勘查项目筹资。对于矿业企业来讲，只要拥有的矿床储量大、品级好，盈利性较强，即可通过项目融资筹集开发所需的长期资金。一般银行贷款需要抵押资产作为担保，为了规避风险，抵押额度通常设定较低，一般不能超过 80%；项目融资则是根据项目实际情况，如果预期收益足够好的话，可以获取 100% 的贷款比例，而且贷款期限可以根据矿山寿命来安排，长的可以达到 20 年。

项目融资风险分散的特点适用于矿山建设筹资。矿业勘查开发过程中通常需要巨额的资金，从勘查、开发到达产通常需要 10 年左右的时间，存在诸多不确定风险因素，是一个企业难以独自承担的，需要的不仅仅是资金，更是需要参与者共享收益的同时分担部分投资风险，项目融资的模式可以解决上述问题，通过与设备供应商、矿产品购买者、项目承包单位签订长期合作协议，可以有效分散矿山项目的各种风险。

项目融资表外融资的特点受到矿业项目发起人的青睐。矿业项目周期长、风险大、资金需求额度大，如果融资反映到投资公司财务报表，很有可能影响公司下一步的筹资能力。项目融资的表外特性能够很好地解决这个问题，而且利用这种融资方式可以杠杆收购资产规模超过自身经济实力的项目。

项目融资模式主要有 LMS、BOT、ABS、PPP 以及产品支付等。

LMS 项目融资模式（leverage management strueture），本质上属于一种抵押债权融资，在满足项目经营者需求的条件下，出租人或是利用资金或是从银行贷款购买项目资产后，租赁给项目经营者。资产出租人和资产承租人可以分享避税所得，购买资产投资可以通过收取租金收入偿还，银行还款保障则依赖项目产生的现金流为担保。"杠杆租赁"项目融资模式的优点是可享受税前偿租的好处，可实现百分之百的融资要求，融资成本较低、速度快等。

BOT 项目融资模式（build-operate-transfer），是指投资者在政府的特许授权下，承担某一基础设施项目建设投资，并享有一定期限的特许经营权，经营期满后，该基础设施项目归还政府。BOT 项目承担者的收益主要源于收取基础设施使用费和服务费，其优点是既可以加快基础设施建设，又可以吸引社会资金缓解政府资金紧张等问题；该模式的缺点是可能导致政府失去对项目的控制，加重消费者负担，项目前期费用过高等。BOT 项目融资模式主要用于资金缺口比较大的基础设施项目。我国矿产资源属国家所有，矿山勘探和开发所具有的资金需求量大，决定了 BOT 项目融资模式较为适用于我国矿业开发。

PPP 项目融资模式（public-private-partnership），是政府部门与民营企业就某个公共服务项目签订互惠共赢的平等合作协议，双方共同开展项目投资活动，风险共担，收益共享。PPP 项目融资模式起源于 20 世纪 90 年代的英国，是政府部门与民营企业合作模式的创新，应用范围逐渐推广。PPP 项目融资模式可以引进民间资本介入公共服务项目投资，其优点主要是可以提高项目建设效率、提升公共服务质量、缓解政府资金压力等。

ABS 项目融资模式（asset backed securitization），是以证券交易所为媒介公开发行债券筹集资金，偿还债券的基础是项目资产的预期收益，不是信贷产品。与其他项目融资模式相比，操作简单且更加规范，但实施条件较为严格，需要产生的现金流稳定且可以定量化预测，债券偿还须分摊于整个资产存续期。目前，我国矿业项目还不完全具备运用该模式的必备条件。

"产品支付"项目融资模式，是相对于贷款偿还方式而言的，投资项目达产后直接以项目产品来偿还借款，该融资模式的诞生可以追溯至 20 世纪 50 年代美国油气资源开发项目的筹资，是项目融资的早期形式之一。中介服务机构在该融资模式中发挥非常重要的作用，融资期限通常短于项目寿命期，易于安排成有限追索的形式，具有信用保证结构独特、融资方式独立以及融资安排灵活等优点。"产品支付"项目融资模式适用于地质勘查程度较高的项目，矿山开发产生的预期收益可以比较准确地计算。

项目融资模式多种多样，无论哪种模式，融资的流程基本一致，通常分为五个阶段：

第一，投资分析阶段，这阶段主要工作包括研判宏观经济形势、行业走势分析、技术可行性分析、经济可行性分析、盈利能力分析以及风险分析等；

第二，融资分析阶段，选择项目融资顾问确定融资的目标和主要任务，通过比较各种可能的融资方案，确定经济可行的融资方式；

第三，融资设计阶段，主要包括抵押担保结构设计、项目风险分析与评估等；

第四，融资谈判阶段，主要任务包括起草项目融资建议书、选择银行、组织贷款银团以及商务合同谈判等；

第五，融资执行阶段，主要任务是签署项目融资文件、执行项目投资计划、控制管理项目风险。

需要强调的是，传统银行贷款一旦进入回款阶段，债权人与债务人的关系就变得简单了，债务人只需要按照贷款协议规定偿还本金和利息；项目融资进入融资执行阶段时，贷款银团需要委派专业的融资顾问为经理人，监督项目执行情况和进展情况，并根据融资文件的规定，参与项目的管理决策，控制项目贷款投放。

第4章 矿产资源生产运营体系

4.1 矿产资源生产运营体系的相关概念

4.1.1 矿产资源生产运营体系的维度划分

矿产资源生产运营管理是矿业企业与产品生产和资产运营密切相关的各项活动的管理工作，按照矿产资源生产运营全生命周期，其体系可划分为资源计划、矿权运作、资源勘查、采掘协同、储量集成、闭坑运作、资源安全、资源统计8个维度。

1. 资源计划

资源计划是指对矿业企业已制定的矿产资源战略规划进行年度计划制定、分解下达、统计考核的业务活动。

资源计划管理主要通过研究国家相关产业政策，结合矿业企业发展战略，制定企业矿产资源战略及中、长期矿产资源规划；企业下属生产单位按照中期规划制定年季月矿产资源运行计划；相关部门对战略、规划、计划的执行情况进行监督及考核。

2. 矿权运作

矿权运作是指对矿业权申办、延续、年检、保留、变更、转让和注销等业务活动。

矿业权是从矿产资源所有权中派生出来的一种对矿产资源进行勘查、开采等一系列活动并享有由此所得收益的一种排他性的权利。矿业权作为企业最核心的资产，对企业生产经营发展有着极其重要的影响。

目前，我国将矿业权分为两种，即探矿权和采矿权，实行分别申请和分别授予的办法。按照《矿产资源法》规定，勘查、开采矿产资源，必须依法取得探矿权、采矿权。

矿业企业的矿业权管理主要是根据国家行政管理机关对矿业权管理的要求，对企业拥有的矿业权的管理。按照《矿产资源勘查区块登记管理办法》和《矿产资源开采登记管理办法》，国家矿产资源主管部门对探矿权审批管理事项主要包括探矿权新立、延续、变更(转让变更)、保留、转让和注销 6 项，对采矿权审批事项管理事项主要包括划定矿区范围、采矿权新立、延续、变更(转让变更)、注销 5 项。

为了与国家矿产资源主管部门管理事项相衔接，本章业务管理内容划分与政府矿产资源审批管理事项一致，即探矿权业务管理包括探矿权新立、延续、变更(转让变更)、保留、转让和注销 6 项，采矿权业务管理包括划定矿区范围、采矿权新立、延续、变更(转让变更)、注销 5 项，同时包括矿业权年检和矿业权权证保管、统计等日常性管理内容。

3. 资源勘查

资源勘查是指对矿业企业拥有的探矿权和采矿权区内勘查项目立项、设计、实施、竣工验收、编制报告和成果资料备案汇交的业务活动。

勘查是指运用测绘、地球物理勘探、地球化学勘探、钻探、坑探、采样测试、地质遥感等专业地质勘查方法，对一定地区内固体、液体、气体矿产资源进行的勘查、评价和管理等工作。勘查管理为企业查明了矿产的质和量，以及开采利用的技术条件，提供了矿山建设设计所需的矿产储量和地质资料，对矿区内的岩石、地层、构造、矿产、水文、地貌等地质情况进行调查研究。

资源勘查业务管理内容按照勘查阶段，对企业拥有的探矿权和采矿权范围内勘查项目的立项、设计、审批、执行、验收、成果资料等全流程业务进行管理,勘查项目包括水文工程环境地质调查、矿产勘查(预查、普查、详查、勘探)、专业技术勘查(物探、化探等)。

4. 储量集成

储量集成是对矿业企业各类矿产资源进行测定和统计的业务活动。

采掘管理主要是对生产过程中的损失控制、"三量"管理工作建立完整的生产运营体系、管理体系和考评体系,以保障矿山采掘生产高效运行,进一步优化矿业企业的管理流程,提升资源开发利用水平。

5. 采掘协同

采掘协同是对矿业企业各类矿产资源开发利用过程中进行经济开采的业务协助活动。

资源/储量管理主要包括规范储量计算图表、建立储量台账、编制储量年报、坚持储量报销制度、加强矿山找矿与地质勘探工作、扩大矿产储量、延长矿山服务年限、改进采矿方法、降低采矿损失、提高回采率、促进矿山资源储量的有效保护和合理利用等内容。

6. 闭坑运作

闭坑运作是对矿业企业采矿权范围内矿山开采结束后、因意外原因或国家政策而终止开采,按照国家有关规定对矿山关闭进行的业务活动。

闭坑运作主要是按照国家有关规定将地质、测量、采矿资料整理归档,并汇交闭坑地质报告、关闭矿山报告及其他有关资料。同时按照批准的关闭矿山报告,完成有关劳动安全、水土保持、土地复垦和环境保护工作,或者缴清土地复垦和环境保护的有关费用。并凭关闭矿山报告批准文件和有关部门对完成上述工作提供的证明,报请原颁发采矿许可证的机关办理采矿许可证注销手续。

7. 资源安全

资源安全是对矿业企业各类矿产资源在获取、储备和开发过程中隐蔽致灾因素进行预先发现、消除或控制因资源特性导致的安全隐患的业务活动。

资源安全管理的目的是通过在矿产资源项目各个阶段对各种隐蔽致灾地质因

素的收集、分析、研究及评价，最终形成资源安全预警报告，为隐蔽致灾因素的防治提供真实、可靠、详细而具体的资料数据，帮助企业在安全生产工作中及时处理地质灾害，有效保障矿山资源安全。

8.统计管理

统计管理是对矿业企业各类矿产资源在年度生产过程中的计划执行情况进行统计、分析的业务活动。

资源统计管理的目的主要是对矿产资源在管理过程中产生的矿产资源各类报表数据管理进行，主要从底层矿产资源数据汇总、数据梳理开始，通过统计和对比分析，确定指标调整等措施及考评、备案的管理。

4.1.2 矿产资源生产运营体系的常见术语定义

矿产资源规划：是企业根据内外部资源市场环境、行业政策法规、企业总体战略规划制定资源战略，并依据资源战略组织编制形成的矿产资源专项规划，专项规划在目标分解后付诸实施。

矿产资源年度运行计划：企业根据矿产资源中长远规划分解的年度指标任务，结合生产实际，与各单位均衡议定后形成年度资源运行计划，是企业及其子公司年度资源管理工作的总体行动指南。

矿业权：包括探矿权和采矿权。其中探矿权是指在依法取得的勘查许可证规定的范围内，勘查矿产资源的权利；采矿权是指在依法取得的采矿许可证规定的范围内，开采矿产资源和获得所开采的矿产品的权利。取得勘查许可证、采矿许可证的单位或者个人称为探矿权人或采矿权人。

地质勘查：分为地质调查、矿产勘查及专业技术勘查三大类。地质调查包括区域地质调查、水文地质工程地质环境地质调查；矿产勘查包括预查、普查、详查、勘探各个阶段；专业技术勘查包括地球物理勘查、地质钻(坑)探等。

储量：经过详查或勘探，达到了控制的或探明的程度，在进行了预可行性或可行性研究，扣除了设计和采矿损失之后，能实际采出的矿产资源。

资源量：是指查明矿产资源的一部分和潜在矿产资源。包括经可行性研究或预可行性研究证实为次边际经济的矿产资源以及经过勘查而未进行可行性研究或预可行性研究的内蕴经济的矿产资源，以及经过预查后预测的矿产资源。

保有储量：探明的矿产储量扣除出矿量和损失矿量，矿床还拥有的实际储量。

动用储量：在开采过程中，已开采部分的采出量与损失量之和，称为开采动用储量(简称动用储量)。动用储量包括采出量和损失量两部分。

可采储量：是指在工业储量中，可以采出来的那部分储量。工业储量减去设计损失量，即为可采储量。

损失量：由于地质条件或目前开采技术水平、设计或生产管理等原因，矿井开采中丢失在地下不能再利用的工业储量。损失量可分为设计损失和实际损失两种。根据损失量分析的不同要求，又可按照损失发生的范围、原因和损失的形态具体分类。

损失率：在某开采范围内，损失掉的那部分储量占该范围内全部储量的百分比，称为损失率。它是考核资源利用和开采技术以及管理水平的主要经济技术指标之一。损失率分为设计损失率和实际损失率两种，设计损失率和矿井损失率都可以分为工作面损失率、采区损失率和矿井损失率。

开拓矿量：在矿井可采储量范围内已完成开采所必需的主井、副井、风井、井底车场、集中运输大巷、集中下山或采区下山和必要的总回风大巷等开拓掘进工程所构成的矿储量，减去开拓区内地质及水文地质损失、设计损失和开拓矿量可采期内不能回采的临时矿柱和其他矿量后，即为开拓矿量。

采准矿量：在开拓矿量范围内已完成设计规定所必需的采区运输巷道、采区回风巷道及采区上(下)山等掘进工程所构成的矿储量，并减去采区内地质及水文地质损失、开采损失和采准矿量可采期内不能开采的矿量后，即为采准矿量。

备采矿量：在准备矿量范围内按设计完成了采区中间巷道(回采工作面运输巷道、回风巷道)和回采工作面切眼等巷道掘进工程后所构成的矿储量，即只要安装设备后即可进行正式备采的矿量。

三量可采期：根据掘进和回采进度分别计算出的"三量"可供开采利用的期限。它是矿井生产中平衡采掘接替关系的重要经济技术指标。

资源安全：包括预防和管控资源获取、资源储备和资源开发过程中的隐蔽致灾因素(断层、裂隙、皱曲，陷落柱，导水裂缝带、采空区积水等对矿山安全生产的影响)，满足企业正常发展需求的矿产资源供应保障的稳定程度，以及在矿产资源开发过程中不对周边环境造成威胁。

资源统计管理：主要指按照管理需求和政府部门要求，对资源管理过程中所产生的相关数据进行收集、整理、分析、发布的过程以及由此而产生的相关管理工作，主要包括统计调查、统计整理、统计分析、统计数据。

4.2　矿产资源生产运营体系分析

根据《矿产资源法》规定，矿产资源属于国家所有，由国务院行使国家对矿产资源的所有权。地表或者地下的矿产资源的国家所有权，不因其所依附的土地所有权或者使用权的不同而改变。企业勘查、开采矿产资源，必须依法分别申请，经批准取得探矿权、采矿权，并办理登记。因此，矿产资源在生产运营中首先受到国家层面管控，在此基础上，企业依据国家产业政策和矿业法律法规，结合矿产资源业务特性、企业发展战略，按照国际标准生产运营体系要求，通过流程优化和节点工作标准化，建立全企业上下一体、内外融通的矿产资源生产运营体系。

4.2.1　国家层面对矿产资源的管理

根据《矿产资源法》及其配套法规和有关规定，国家对矿产资源生产运营管理的基本内容可概括为如下四个方面：

（1）矿产资源的储量管理与价值核算。包括矿产储量审批管理、地质勘探规范的组织制定、矿床工业指标的审批下达与管理、矿产资源的价值核算和矿产储量的登记统计等工作。

（2）矿产资源综合分析与政策研究制定。包括矿产资源的形势分析和矿产资源政策的研究制定。

（3）矿产资源规划管理。包括全国矿产资源规划的编制和矿产资源经济区划工作。

（4）地质资料汇交管理。包括统一管理地质资料汇交工作；负责汇交地质资料的整理与开发，以供社会使用；依法保护地质资料汇交义务人的合法权益。

国家对矿产资源生产运营管理的根本目的是保证矿业为社会经济发展提供足够的矿产资源，并促进一国矿业在国际市场上具有竞争力和矿业的可持续发展。"十三五"矿产资源总体规划明确，基本建立安全、稳定、经济的资源保障体系，基本形成节约高效、环境友好、矿地和谐的绿色矿业发展模式，基本建成统一开放、竞争有序、富有活力的现代矿业市场体系，显著提升矿业发展的质量和效益，塑造资源安全与矿业发展新格局。

1.国家矿产资源管理机构

矿产资源的管理机构是各级政府的地质矿产主管部门。其主要职能是：

(1)组织矿产资源的勘查，建立矿产资源档案；

(2)编制矿产资源综合开发利用和保护规划；

(3)指导依法勘查、开采、经营矿产资源的单位和个人开展业务活动；

(4)监督检查矿产资源法律法规的执行；

(5)配合司法部门打击各种破坏矿产资源的犯罪行为。

2.国家矿产资源基本管理制度

矿产资源管理的基本制度主要包括：

(1)矿产资源勘查统一登记制度。国家《矿产资源勘查登记管理暂行办法》规定，凡在我国领域及管辖海域内从事区域地质调查，金属矿产、非金属矿产、能源矿产的普查和勘探，地下水、地热、矿泉水资源等勘查的，必须向地质矿产主管部门申请登记，领取矿产资源勘查许可证，取得探矿权；否则，为违法行为。

(2)采矿登记审批制度。凡是开采矿产资源的单位和个人，必须向矿产地质主管部门办理采矿登记手续，申请采矿许可证，取得矿产资源开采权。未取得开矿权的，不得进行采矿活动。

(3)地质资料统一管理制度。按照国家《全国地质资料汇交管理办法》的规定，凡在我国领域及管辖海域从事地质工作的单位和个人，均应按规定向国家汇交地质资料，包括区域地质调查、矿产、石油、天然气、海洋、水文、工程、环境、灾害、地震地质资料，地质矿产科学研究成果及综合分析资料等。

3.国家对矿产资源的开发管理

矿产资源开发管理是指对矿产资源进行合理开采、综合利用、有效经营的管理活动，主要包括以下内容：

(1)计划管理。对矿产资源开发实行统一规划、统一登记、统一管理矿产资源资料。

(2)综合勘查、开采、利用管理。对主要矿产、共生矿、伴生矿进行综合勘查，综合开采，降低采矿成本，综合利用各种矿产。

(3)以国营开采为主，集体和个人开采为辅。巩固和发展国有矿山企业，扶持引导集体和个体采矿。

（4）有偿开采管理。任何开采矿产资源的单位和个人，必须按照国家规定缴纳资源税和资源补偿费。

4. 国家对矿产资源的保护管理

国有矿产资源保护管理是指为防止国有矿产资源遭受破坏，而对国有矿产资源的开采经营进行的管理活动。管理内容主要包括：

（1）采矿许可证管理。严格管理采矿许可证的审批和发放。申请许可证的单位和个人必须有科学的开采方案、一定的生产技术条件、安全与环境保护的措施。按国家规定，某些矿产品由国家统一收购和销售；采矿权不得买卖、出租和抵押；严厉打击擅自采矿的违法行为。

（2）采矿范围管理。采矿单位和个人必须在规定的矿区范围内采矿，以保证矿产资源的合理开采，维护采矿权不受侵犯。

（3）采矿施工管理。采矿单位和个人应当按照批准的设计进行施工，以保证有序开采、有效开采，避免矿产资源的破坏。

（4）矿产资源监督管理。实行矿产督察员制度，加强对矿山企业的矿产资源开发利用和保护的监督管理；成立护矿组织，打击不法分子盗窃、哄抢和破坏矿产资源的犯罪行为。

4.2.2　企业对矿产资源的生产运营管理

企业对矿产资源的生产运营管理按照矿产资源生产运营全生命周期划分，主要包括资源计划、矿权运作、储量集成、资源勘查、采掘协同、闭坑运作、资源安全、资源统计 8 个方面，这 8 个方面侧重点不同但又紧密联系，下面重点对矿权运作、储量集成、资源勘查及采掘协同进行介绍。

1. 矿权运作

按照国家资源管控要求，矿业企业勘查、开采矿产资源，必须依法分别申请，经批准取得探矿权、采矿权，并办理登记。政府将勘查区块或矿床（区）的探矿权或采矿权授予矿业权人后，矿业权范围内的矿产资源便成为企业资产，不仅具有资源的有用性、稀缺性，同时具有资产的价值性、排他性和交易性等特性。

矿产资源生产运营管理的矿权运作问题是矿产资源生产运营体系的主要问题

之一，其影响矿产资源管理的各个环节，是企业管理的中心问题。矿产资源生产运营管理的矿业权产权，可以分解为两个层面：

第一层面是矿产资源的所有权和使用权。

所有权是指矿产资源为国家所有，因为我国是社会主义公有制国家，由国家行使对矿产资源的所有权，各级政府及其主管部门既是矿产资源的所有者，又是矿产资源的管理者，其所有者身份是通过管理的审批权和事业法人代表国家对矿产资源勘查成果的所有权来体现的；使用权则包括探矿权和采矿权两种，其中，通过企业法人和事业法人来体现探矿权的使用权，通过企业法人来体现采矿权的使用权。

探矿权的登记包括探矿权的新立、延续、变更、保留、注销，采矿权的登记则包括采矿权的新立、延续、变更、注销。矿产资源依法登记，发生法律效力，不登记则不产生效力，登记体现占有权，也体现了物权法的内容。企业法人只有在登记后，才能在规定区域内进行生产经营，同时具有制止他人在规定区域盗采的权利。

第二层面是矿业企业资产的价值性和交易性。

按照经济学原理，产权是主体对特定客体所具备的权利，而特定客体泛指财产、资产、资本等，主体对特定客体的产权关系多指财产、资产、资本的关系，表现为财产权，即主体对财产的所有权、使用权、支配权、占有权、收益权和处置权等。

矿产的资产属性是随着社会生产关系发展而不断突显的，商品经济或市场经济条件下，矿产资源要以生产要素或商品的形式进入市场进行交易和经营，必须具有资产的稀缺性和明晰的产权，这样才能为特定主体所控制或拥有，并期冀获得经济利益；资源资产化之后，矿产资源就可通过市场交换与流通，以资本的形式流动起来，追求其价值的增值，这样矿产资源就具备了资本属性，即流动性、增值性、投资性和未来延续性等。

对矿业企业来讲，矿产资源资本包括两方面，一是控制包括资源性资产在内的资产在市场中进行的投融资活动，以提升生产经营的规模和赢利能力，实现企业的生存和发展；二是将其拥有的或可利用的资本投入矿业生产，实现资本收益和滚动式发展。矿产资源和资源性资产的资本化过程，就是盘活矿产资源和资源性资产的过程，也是吸引社会资金进入矿业领域的重要方式。

2. 储量集成、资源勘查及采掘协同

矿产资源储量是矿产资源的实物表现形式，是对矿产资源质和量的客观界定。而储量集成，则是对矿产资源质和量的管理，是矿产资源管理体系的基础支撑。

资源储量管理包括制定矿产资源储量管理办法、标准、规程；对地质报告的评审备案管理；建设项目压覆矿产资源管理；矿业权评估备案管理；矿产资源补偿费征收管理；资源储量登记统计管理；矿山储量动态监管和地质资料汇交管理等。同时，国家作为矿产资源所有者，通过出让矿业权获得收益，收益的基础或多少是由资源储量所决定的，储量的估算结果直接关系到国家和矿业权人的利益，因此，资源储量是储量集成的基础内容。

矿产资源勘查的目的是获得矿产资源的地质特征、分布范围及储量估算等资料，只有通过勘查，查明矿产资源的赋存状况，获得资源储量数据，才能决定矿产资源如何开发利用。因此勘查和储量是矿产资源开发利用的前提和依据。

矿产资源勘查包括预查、普查、详查、勘探四个阶段，通过各勘查阶段的工作，最终提交勘查矿区的资源储量。

矿产资源勘查管理包括探矿权的管理；制定地质勘查相关规范、政策；

采掘协同主要发生于矿产资源开发利用过程中，包括基建、生产勘探、扩大勘探和深部找矿等内容，是在全面了解资源储量的基础上对矿产资源的开发利用。

矿产资源开发利用管理包括对矿山开采总量计划控制；组织监管矿产资源开采活动；落实国家有关保护性开发的特定矿种管理制度和规定等。

可见，矿业企业生产运营管理是以资源储量(矿产资源库)为基础，围绕着对两个矿权(矿业权库)的管理，即探矿权和采矿权的管理而展开的，而其他如资源计划、资源安全、资源统计、闭坑运作等管理内容是为更好地管理好两个矿权服务的，矿产资源生产运营体系各维度关系见图4-1。

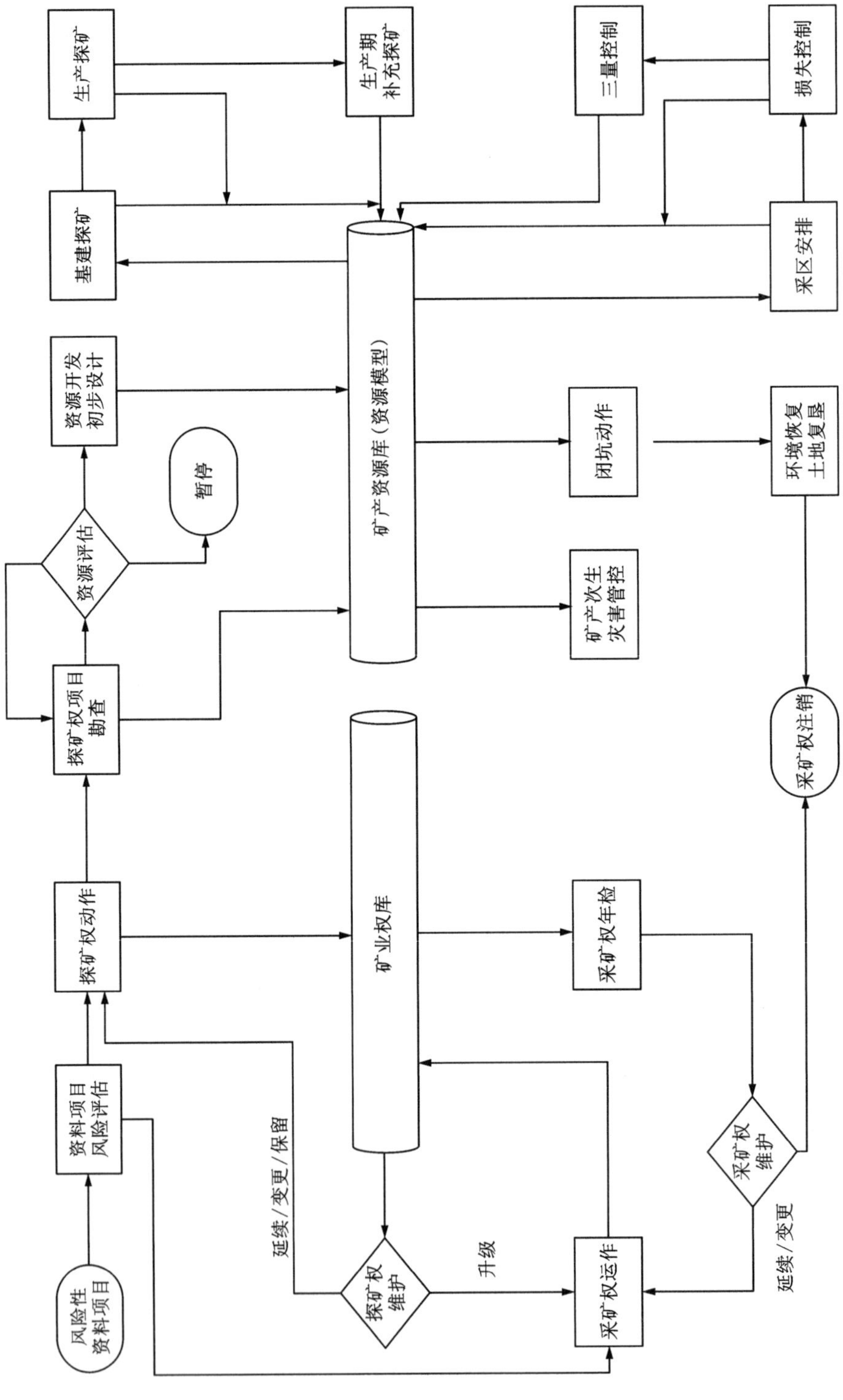

图 4-1 矿产资源生产运营体系各维度关系

4.2.3　矿产资源生产运营管理体系建设的必要性

矿产资源管理贯穿于企业全生命周期，矿产资源生产运营管理的优劣直接关系到企业的生存和经济效益。高效的矿产资源生产运营管理体系能够确保企业资源权属、资源安全、资源接续，加强资源消耗管理，深挖资源价值，由此提高矿产资源的综合利用水平，延长资源服务企业年限，为企业战略决策、转型升级、高质量发展提供支撑。

(1)矿产资源储备与高效开发利用事关矿业企业高质量发展全局。为保障矿产资源安全供应，推进资源利用方式的根本转变，加快企业转型升级和绿色发展，全面深化矿产资源管理改革，促进矿业经济绿色、持续健康、高效发展，亟须加强和改善矿产资源战略规划和计划管理，因此，矿产资源管理的纲领性文件首先要将矿产资源计划管理纳入矿产资源生产运营体系。

(2)矿业权是企业勘查和采掘工作的基础，目前国家矿产资源主管部门对矿产资源管理的专项审计、监督巡视、矿山采掘检查、储量统计均以矿业权为基础进行。加强矿业权管理，能够实现对矿业企业所有矿业权的信息整合和有序管理，为矿产资源开发决策提供依据；能够对探矿权和采矿权到期预警进行分析，防止管理不当、人员疏忽造成矿业权灭失；通过边界监控，防止盗挖盗采，杜绝采掘过程中越界开采、无证开采等违法开采行为；通过对矿业权证内资源分布、采掘信息的管理，享受国家政策改革带来的实惠，降低矿山开采成本；同时依法做到缴纳税费，不欠缴漏缴，保证采掘合规合法性。

(3)对于资源型企业而言，地质勘查不止停留于生产单位前期勘探及中期开采过程，而是贯穿于开采过程始终。加强企业地质勘查工作管理，可以保证勘探精确性、全面性及高效性，降低生产单位开采事故的发生率，进一步确保生产单位开采产量及经济效益，促使企业健康绿色持续发展。

(4)矿产资源属不可再生资源，矿山生产依赖于矿产资源。矿产资源储量管理能够准确掌握矿产资源的数量、质量及其分布情况；及时掌握矿产资源的价值构成，以便于实施各种宏观调控措施，是实现矿产资源的可持续利用的重要手段。矿产资源数量的多少，决定了矿山的建设规模和服务年限；其质量的优劣，直接影响到矿山的产品质量和经济效益；其分布位置决定了矿山开采方法和开采的难易程度。因此，加强储量管理，计划使用现有储量，不断增加后备储量对指导矿山科学组织生产，降低或者避免盲目采矿的风险，促进矿山资源储量的有效和合理保护非常必要。

（5）随着矿山开采深度的增加，矿山开采地质条件会日趋复杂。各类地质灾害日趋严重，导致开采技术难度逐渐加大。断层、裂隙、皱曲，陷落柱，导水裂缝带、采空区积水、古河床冲刷带等隐蔽致灾因素将成为影响安全生产的主要因素，可能导致矿山安全生产事故的发生，矿业企业对隐蔽致灾因素认识不足，隐蔽致灾因素资料不清，也极有可能导致事故的发生，因此开展矿山隐蔽致灾因素探查、分析，研究并最终形成资源安全预警报告及灾害防治措施至关重要。

（6）一个矿业企业的建立，不仅花费巨额投资，还涉及矿山安全、土地复垦、环境保护、经济税收等一系列社会问题。因此关闭矿山应十分谨慎，闭坑地质报告的编制必须实事求是、客观真实、科学实际地研究和分析矿山剩余资源储量的利用价值及矿区的发展远景。矿山闭坑时自然资源部门加大绿色矿山建设的力度，也是寻求矿业可持续发展的重要有效途径之一。完成闭坑报告并不是矿山闭坑的最终结果，还需进行矿山基础设施的拆除、改造，土地复垦，边坡治理，污染治理，环境恢复等。

4.3　矿产资源生产运营体系构建

矿产资源生产运营体系建设主要通过梳理企业矿产资源管理业务现状，依据国家产业政策和矿业法律法规、企业需要的矿产资源管理体制，结合企业矿产资源业务特性和发展战略，对企业矿产资源管理业务流程进行优化、对业务工作标准和文件、报表等基础工作进行标准化，建立全企业上下一体、内外融通的生产运营体系。

矿产资源生产运营体系建设主要包括业务流程建设、工作标准建设、标准化文件建设三个方面。

4.3.1　业务流程建设

业务流程建设主要依据国家产业政策和矿业法律法规，结合矿业企业当前矿产资源管理业务特性、管理现状、发展需求，实施资源计划、矿权运作、资源勘查、采掘协同、储量集成、闭坑运作、资源安全、资源统计8项业务。

业务流程建设主要以生产运营管理体系中不同业务管理办法为基础，梳理现有工作流程，优化完善现有工作流程中存在的问题，对工作流程中管理缺失内容予以补充；结合企业拥有的不同资源的业务差异化特征，有针对性地进行流程优化，使得业务流程更符合管理的实际需要和具有可操作性。

1. 资源计划业务流程

矿产资源计划业务流程主要从矿产资源战略规划和资源运行计划两个层次进行设计，业务活动主要包括编制战略规划/计划、分解并下达任务、规划/计划实施、监督考评等环节。

我国实行经济体制改革后在经济理论上承认工业企业是相对独立的商品生产者；在生产资料公有制基础上实行有计划的商品经济，采用指令性计划和指导性计划两种形式。因此矿山企业也应服从国家的计划指导并对企业生产经营活动实行全矿的、全过程的、全员的计划管理。经营计划或称生产经营计划是实行计划管理的综合性计划，具体体现企业经营战略、经营目标、经营策略和生产经营活动，是全体职工的行动纲领。

指令性计划是企业必须保证完成的；指导性计划则主要通过经济杠杆的作用给企业以指导，依据企业内部可能条件和市场需求等外部环境具体安排补充性的生产经营项目。矿山企业计划按期限分有中、长期计划，年度计划和月度计划；按作用范围分有全矿企业计划、坑（分厂或车间）计划、科室计划、班组和个人、机台计划；按内容分有综合性计划、采掘技术计划、物资供应计划、财务计划和其他专业性计划，它们相互联系构成企业的计划体系。

中长期发展规划一般是指三五年以上的发展战略、纲领性的计划，其重点是根据矿山内外条件和环境做好发展战略决策，主要内容应包括矿山企业生产规模的发展目标，产品品种和质量发展方向；技术改造和基本建设规划；生产技术发展规划，包含新工艺、新设备、新材料的应用及其科学研究计划；主要技术经济指标计划，如劳动生产率、矿石损失率与贫化率、产品成本、利润等；工业卫生、安全设施以及环境保护规划；职工培训、工程再教育规划；矿区生活环境与职工福利改善规划。

矿山企业年度经营计划是矿山每年编制的生产技术财务计划，包括生产、劳资、物资供应、成本财务等内容，其中生产计划是采掘（剥）技术计划。近年，当企业由生产型转向生产经营型以后，虽然还采用这种计划形式，但不少企业已经对其加以扩充成为综合计划，有的已称为经营计划。计划的指导思想已由以生产为中心，单纯完成国家下达的生产任务转向以生产经营为中心，提高经济效益；

计划的作用除了保证完成国家规定的生产任务以外还充分利用企业资源以求最好的经济效益，因而计划的范围不仅限于生产过程，还要考虑市场需要，以及供产销全过程。

月度经营计划是年度经营计划的分解和具体化，它同样应包含产品产量、生产作业安排、劳动力配置、设备配制与维修、动力配置与能源耗用、物资供应、产品销售与运输、成本、利润、资金、技术经济指标等计划。

资源年度计划编制以综合平衡为原则，在分析内外部环境和条件的基础上，兼顾当前与长远发展、局部利益与公司整体利益相统一，通过统筹安排，突出市场竞争力、实现资源的最优配置。

资源年度计划应结合以下因素编制：

(1)国家产业政策及经济发展状况；

(2)企业及企业下属公司战略发展规划、指标；

(3)往年资源运营实际情况；

(4)计划年度内、外部资源环境及条件；

(5)计划年度新增资源及核销资源；

(6)资源需求、供给平衡情况；

(7)其他影响资源年度计划的因素。

年度计划应包括以下主要内容：

(1)上年度计划执行情况及分析；

(2)计划期外部环境研究及内部条件分析；

(3)年度资源经营目标及专项计划目标；

(4)制定目标的依据；

(5)计划期内各种需求；

(6)实现目标的保障措施；

(7)其他各类计划指标表。

年度计划应按以下程序编制：

(1)企业下属公司根据企业资源规划及年度总体目标、资源计划批复文件，下达《编制年度资源计划的通知》，明确编制年度计划的指导思想、具体原则、任务分工、时间安排及各单位年度计划指导目标；

(2)由各生产管理部门负责人牵头，相关业务部门参加，按照调查研究、确定目标、综合平衡、制定计划四个步骤实施具体资源计划的编制；

（3）各生产管理部门分别组织有关部门对各自计划进行审查，由企业下属公司平衡汇总各矿井计划；

（4）企业下属公司编制完成年度资源计划，审定后上报企业决策层；

（5）由企业决策层部署年度资源计划到企业下属公司及生产部门。

年度矿产资源计划经批准下达后，必须严格执行，计划确定的目标与任务不得随意变动。企业下属公司对年度计划执行情况进行总体监督、检查，督促生产部门做好年度计划落实工作，同时还需及时了解计划执行情况，掌握计划进度，按季度对计划完成情况进行分析、总结，对计划执行过程中出现的问题，及时协调解决。在此过程中应加强计划执行过程的检查和控制，及时解决计划执行过程中出现的问题，本单元无法解决的，提请上一级相关职能部门组织协调。

当外部环境和内部条件发生变化时，可对年度计划进行调整。在调整未批准前，仍按原计划执行。为加强矿产资源计划的可行性和可操作性，要严格实施矿产资源计划，每半年检查一次矿产资源计划完成情况并修正下半年的计划安排。年度计划的调整分主动调整与被动调整。主动调整是随企业资源战略改变而进行的调整；被动调整是企业实际执行情况与年度计划出现较大偏差时进行的调整，被动调整一年内一般不超过二次。

2. 矿权运作业务流程

矿权运作业务分为探矿权运作和采矿权运作。其中，探矿权运作可分为新立、延续、变更、保留、注销等作业；采矿权运作可分划定矿区范围、新立、延续、变更、注销等作业。

矿业权的获取一般在矿业权市场上，通过争取国家矿业权的出让或转让获得矿业权，在充分考虑经济效益和风险的前提下，可通过购买、合作、合资、融资等多种形式获得矿业权并经营矿业权。

矿业权的获取须遵循以下原则：

（1）符合国家有关法律法规和政策要求，符合企业矿产资源规划，避免获取国家限制和禁止的区域和相关矿种的矿业权，以及未列入公司矿产资源规划中的矿种相关的矿业权；

（2）矿业权应处于成矿带，且成矿条件较好或经前期工作显示有一定的找矿远景区块或矿种；

（3）具备基本的勘查、开发条件。

矿业权维护主要包括矿业权证在有效期内需要进行年检或在有效期限届满前，需要延长期限或办理矿权保留的，应按规定的时间和程序办理矿权年检、延续或保留登记手续。企业要在国土资源主管部门要求的时间内完成自有探矿权、采矿权的保留、延续、年检等申请书和申请材料的编制，保证矿业权的合法有效。在勘查区块或矿区范围发生变化、勘查工作对象或主要开采矿种发生改变、矿业权人名称或地址发生改变、依法进行矿业权转让的，应办理矿业权变更手续。同时，企业应对拥有的矿业权积极开展地质评价工作，按照批准的勘查实施方案进行勘查工作或制定开发利用方案进行矿山设计和生产，应在规定的时间内达到矿业权主管部门要求的地质工作程度。

企业应成立资源管理的相应机构，制定预案，监督本单位采矿权范围内的生产活动，禁止出现无证开采、越界开采或者不按开发利用方案开发的情况；同时应加强采矿权范围内的巡查，在发现本矿井资源被盗采时，应立即启动预案，在现场进行制止，并将书面通知送达盗采单位，同时向安全生产管理部门通知，并联合地方自然资源部门清除采矿权范围内的非法探采活动。

矿业权转让及运营应遵守国家法律法规，符合企业资源战略和资本优化配置的需要，严格按照公司国有资产转让规定和程序办理。矿业权收购与处置一般按照资本运作体系进行，本章不再阐述。

矿业权证管理包括《矿产资源勘查许可证》和《采矿权许可证》的存档和管理。企业应设置矿业权管理工作岗位，并按管理需求配置专职或兼职管理人员。矿业权管理人员应及时了解和掌握国家及所在地国土资源主管部门的最新政策、法规，并根据要求调整本单位矿业权的工作部署。矿业权管理人员无论因何种原因离开本岗位，都必须对矿业权资料履行交接手续并存档备查。企业须及时建立矿业权登记台账，台账内容应包括矿业权的首次设立时间、矿业权人名称、面积、坐标范围、历次变更、缴费、延续、投入情况及矿业权的有效期限。采矿权需注明矿山名称、生产能力、面积、标高、坐标范围等信息。同时企业须在规定的期限内按公司财务管理规定缴纳各项矿业权费用，各类交费发票按公司财务管理规定复印存档。

矿业权办理过程中国土资源主管部门要求提交的申请书及申请资料，由业务办理部门自行或委托有资质的单位进行编制，如需委托编制的，按企业招投标管理程序审批后进行。

管理部门应根据本单位矿业权管理实际情况，对矿业权沿革相关资料、图纸、报告及各阶段矿业权管理的申报书和申报材料等资料进行系统整理并存档，电子版刻盘存档。企业管理层应每年对矿业权信息进行一次核查，核查内容包括矿权名称、矿业权人名称、证件编号、有效期、矿权面积、生产规模等。

凡因主观原因或工作不力导致矿业权灭失，除对责任单位进行考核外，按照管理权限调查核实、责任认定后，依据企业管理规定进行问责追责。对擅自转让矿业权或矿业权地质资料的，企业将没收其转让所得，并对相关单位第一责任人按公司有关规定予以处理，必要时依法追究法律责任。同时为调动广大员工在矿业权申办登记及矿业权运作工作中的积极性，企业应对在矿业权登记和矿业权运作过程中做出突出贡献的单位和个人予以奖励。

3. 资源勘查业务流程

地质资源勘查指运用测绘、区域地质调查、物探、化探、钻探等专业地质勘查方法，对公司矿业权范围内矿产资源进行勘查、评价和管理等工作。

地质资源勘查项目管理原则如下：

（1）地质勘查项目管理以行业规范、标准以及公司管理体系为主，各项规章制度为补充，不断提高管理体系运行质量；

（2）地质勘查项目实行矿业权人负责制；

（3）地质勘查项目实行分级管理、分类指导。

地质勘查由企业资源管理部门组织勘查单位编制项目建议书或勘查项目计划书，经内部组织评审完善后报企业审批。项目批复后由资源管理部门组织实施。

企业应根据宏观部署及年度地质勘查工作要点，对项目立项申请和计划进行论证、筛选。通过分类、排序，设立年度勘查项目计划，下达项目任务书。

企业职能部门通过招标、议标的形式确定勘查施工单位及监理，并负责勘查合同的签订和过程管理；所选定的勘察设计、施工单位、监理单位必须具备相应资质。

企业全面负责对本公司所有勘查项目的监督检查工作；负责勘查项目日常监督管理，包括对本公司所有勘查项目完成最终验收。有野外实物工作量的地质勘查项目原始资料验收工作应在野外工作现场进行，验收的依据是合同、委托文件、项目设计及有关技术标准和要求。勘查项目实施完成后，施工单位提出项目野外原始资料验收申请，通知建设单位工程完工，项目单位组织预验收，整改合格后提请企业验收，资源业务主管部门组织计划、财务、审计等相关单位及部门到现场进行工程量确认、设计完成情况验收、原始资料整理情况检查等,初步验收后提出意见和建议,实施单位进一步完善资料,编制成果报告初稿,进入成果评审验收阶段。

勘查成果应按照有关规范、技术标准和要求,编写地质勘查项目成果报告。成果报告提交单位在编制完成报告后,上报电子版及纸质成果报告供项目单位审查。报告初审由项目单位组织,初审通过后,由企业组织最终评审,邀请相关专家、设计单位等参与。评审通过后的报告和相关资料交付项目单位备案及使用。如需提交自然资源部门评审备案的报告,由勘查报告编制单位牵头办理国土部门的评审备案及资料汇交工作,最终向项目单位提交资料归档、资料移交签字等证明材料。

资源勘查业务分为探矿权范围内资源勘查和采矿权范围内资源勘查。主要包括项目立项(任务下达)、设计、实施、竣工验收、成果报告的编制、勘查报告编制归档等作业。

4.采掘协同业务流程

采掘协同是对企业全部生产活动的管理,它包括产品生产工艺技术管理、质量管理、生产过程组织、劳动组织、设备管理和物资供应等管理内容。但矿山生产管理主要是采掘(剥)作业计划的编制、执行、检查与日常生产调度指挥等工作。

(1)采掘(剥)作业计划的编制、贯彻执行与检查处理工作

根据采掘(剥)技术计划控制的年度任务指标和不同时期的生产条件,在每月下旬要编制下个月度的采掘作业计划。其程序一般是,由矿山经营计划或生产技术科提出控制指标下达给工区(车间),工区(车间)结合现场实际生产条件编制矿报,然后由矿职能部门汇总、定案,下达。工区(车间)则根据下达的月度作业任务指标分解落实到班组或个人。

月度采掘(剥)作业计划的内容是以文字说明作业计划的要点、重点工程、完成任务的措施意见和安全注意事项;以表格列出基层生产工区(车间)应完成的产品产量、矿山作业量,以及计划考核的成本、流动资金、材料(备件)消耗量等计划指标。

在编制月度采掘(剥)作业计划时,对采掘(剥)作业量及其相应完成的穿爆、挖掘、运输能力、出矿量及其品位等均需经过计算平衡;对完成月度作业计划任

务指标所需的劳动力、设备、备件、材料、供水、供电、供风等施工条件，也必须落实保证。

在执行月度采掘作业计划的过程中，应定期或适时深入现场检查，了解生产任务指标的完成情况及其存在的问题。生产调度会或专题讨论会用来解决问题的方式之一。旬(周)作业计划是弥补月度作业计划发生不平衡的短期计划，确保月度作业计划更好地全面完成或超额完成。

(2)重点工程施工组织计划与实施

由于某些原因，矿山生产中常有薄弱环节或重点工程要做，它的特点是工作量大、技术复杂、施工条件差、要求工期短，若不能如期完成则影响面大。对这类重点工程必须做好施工组织设计，在设计中选择合理的施工方法，计算所需的设备、材料、劳力、资金等，然后明确施工负责人并一一组织落实。在施工期间，还需加强检查与技术指导，掌握施工进度与施工质量，做到及时发现问题及时解决问题，促进工程任务按时按质按量安全地完成。

(3)矿山生产调度

矿山生产调度的组织形式有矿级综合调度和坑口专业调度两种。一个矿山设立一级还是两级生产调度，要视矿山具体情况而定，原则是有利于指挥生产。

矿山生产调度的任务是按照月度作业计划的要求，及时地、全面地了解生产过程，依据实际情况组织生产活动，适时采取有效措施，正确处理生产中出现的各种矛盾，克服薄弱环节，使生产过程中各工艺系统协调地进行，以适应矿山生产点多、面广、线长和作业地点多变的需要，同时应组织各方面的力量为基层生产服务，促进生产任务更好地全面超额完成。

矿山生产调度人员应了解主要设备的布局与生产能力；熟悉采掘(剥)作业地点和供风、供水、供电、通讯、运输线路；随时掌握任务指标完成情况和关键设备运转动态；领会矿长指挥生产的意图；熟悉全矿生产管理机构的职能与有关人员，以便及时准确判断问题与解决问题，切实形成强有力的生产指挥系统。

矿山生产调度制度，概括起来有如下几点：一是当班调度人员对其所作的决定、发出的指示、采取的措施、记录的情况和填写的日报要负全部责任；二是各基层生产单位，如二级调度室、工区(车间)、班(组)，在班前、班中、班末应向矿级调度室值班人员汇报当班作业地点、作业量进展情况及现场状况；三是定期(每日、隔天或每周)召开生产调度会议，通报生产任务完成情况及其好坏原因，分析生产中尚存在的问题，提出完成任务的补救措施；四是遇到不能解决的重大问题时，及时向矿长汇报或组织有关职能科室人员共同研究解决。

矿产资源采掘协同业务的功能分为损失控制和"三量"平衡。其中，损失控制的各项作业环节为制定年度采掘方案、监测（生产过程中）、动态控制；"三量"控制的各项作业及其流程为制定"三量"控制模型、保持动态平衡。

5.储量集成业务流程

矿产资源储量集成业务功能主要分为资源更新、储量更新、储量报销。其中，资源更新主要包括矿山开采界线更新、矿体模型更新等作业；储量更新主要包括储量动态管理、储量台账更新、储量年报编写等作业。

矿产资源是国民经济建设的重要物质基础。社会主义企业对矿产资源的开发利用，不仅要考虑当前的需要，而且要考虑长远的需要。为此，在探矿、采矿、选矿和冶炼等方面必须充分合理地利用矿产资源，做好储量集成管理，保护矿产资源，最大限度地减少损失和浪费。

(1)矿石损失率和贫化率是矿床开采中有关矿产资源回收的两项重要技术经济指标，也是反映矿山企业管理水平和生产技术经济效果的重要指标。国家统计局已将这两项指标列入国家统计表报。为了提高经济效益和保护矿产资源，必须降低矿石损失率、贫化率。在矿床开采中要用动态的方法定期评价和圈定矿石储量，最大限度地回采地下资源。根据矿床赋存条件和采矿技术经济条件，确定最佳的损失贫化动态指标，并建立矿床开采全过程的损失贫化数据库。对于多金属矿床，因矿化不均匀，矿石中主金属元素与伴生元素的开采损失贫化各不相同，应该采用综合损失率与综合贫化率指标，即将开采前后的矿石伴生元素品位分别折算成主元素品位，据此计算矿石损失贫化数据。

(2)矿石质量管理，除了在开采过程中加强工程质量控制和出矿管理以降低矿石损失贫化外，对于选矿和冶炼实行矿石质量优化控制，即用配矿方法，保持供应质量稳定合格的原料，使企业获得最大的金属回收率和经济效益。国外一些大型采选企业实行日（或班、小时）矿石质量管理规划。我国大中型矿山一般是在月计划指导下实行周（或日）配矿计划的质量管理。实践证明，实施配矿可使生产工艺处于最佳状态，使生产稳定，并取得良好的产品指标。

(3)为了保护和充分合理地利用矿产资源，必须坚持矿产资源的综合勘探、综合评价、综合开采及综合利用的技术政策。在矿床勘探阶段要搞好综合勘探和综合评价，在矿床开采中要综合考虑全部有工业价值的矿床，实施综合开采，要打破部门、地区和行业的界限，不能"单打一"开采。对于采出矿石，在选矿和冶炼工艺流程中主要是提高主元素的回收率和伴生元素的综合利用率，以最大限度地综合回收和利用矿石中的有价元素。对比世界先进水平，我国还有较大差距，尤其是多金属矿床的综合利用水平，不断改进选矿和冶炼技术是提高综合利用水平的重要途径。

(4)制定合理的最低工业品位对于矿床的经济评价、综合利用和矿山企业的经济效益具有重要意义。矿床的最低工业品位是一个可变的动态指标，它随着企业技术经济指标的提高、损失贫化的降低、采选技术的进步、资源综合利用水平的提高而相应降低。对于多金属矿床确定出综合最低工业品位指标，即将伴生元素折算成主元素，据此计算出综合工业品位指标。生产矿山按照不同级别的矿量计算出各种级别矿量的综合最低工业品位。工业指标是否合理，关系到矿床的经济评价和矿产资源的综合利用和回收。

6. 闭坑运作业务流程

闭坑运作业务功能主要分为闭坑运作和环境治理恢复与土地复垦。其中，闭坑运作主要包括编制闭坑计划、提交闭坑申请、闭坑报告编制及评审、关闭矿山报告编制及评审等作业；环境治理恢复与土地复垦主要包括编制环境恢复治理与土地复垦方案、缴纳环境恢复治理与土地复垦保证金、环境恢复治理与土地复垦的验收、采矿权注销等作业。

在矿山生产过程中，为全面贯彻落实党的十九大精神，牢固树立和践行绿水青山就是金山银山的理念，认真落实党中央国务院和省委省政府关于生态文明建设的决策部署，坚持以科学发展观为指导，按照国家加快转变经济发展方式战略，围绕绿色矿山建设的基本原则和要求，矿山应以安全生产为主线，以保护生态环境、降低资源消耗为目标，以科技创新为保障，将矿山的人文环境、生态环境、资源环境和经济环境与采矿活动有机地结合起来。通过绿色矿山的建设推进矿山发展方式的转型，实现矿山发展的资源、环境和社会效益协调统一，保证矿山的可持续发展。

矿山生产遵循"开采方式科学化、资源利用高效化、企业管理规范化、生产工艺环保化、矿山环境生态化"的基本要求，努力实现矿山发展的资源效益、环境效益和社会效益的协调统一，资源开发与环境保护并举，矿山发展与社区繁荣共赢。

（1）结合矿山自身发展的实际情况，总结分析在日常生产过程中，资源开发、环境保护和社区发展等方面所存在的矛盾和问题，提出具有可操作性的方法和措施，保证各方面协调发展。

（2）坚持资源开发与环境保护相协调，正确处理资源开发与环境保护的关系，按照"预防为主，防治结合"的方针，坚持"在保护中开发，在开发中保护"，不断加强矿山土地复垦和生态环境重建，大力改善矿区生态环境。

（3）依据绿色矿山建设的基本条件及相关行业标准制定切实可行的建设发展目标，通过重点工程项目建设，将方案指标落到实处；各项建设工程应做好资金安排，合理统筹，狠抓落实，保证方案的顺利完成。

（4）坚持矿山发展与社区繁荣共赢，加强企地共建合作，加强惠民工程建设，积极投身于社会和谐建设中，通过开展项目合作和多种形式的活动，努力实现企业发展的双赢。

（5）加强绿色矿山长效机制建设，将绿色矿山建设纳入矿山日常生产体系中统一管理，建立和完善绿色矿山建设工作责任制和考核评价体系，在矿山内部积极宣传绿色矿山发展理念，鼓励矿山职工为绿色矿山建设建言献策，在建设过程中，不断总结提高，构建体现矿山自身特色的绿色矿山发展模式。

矿山闭坑由生产矿山在拟闭坑前一年向企业提交闭坑申请，经企业组织审查确需闭坑，审批通过后向政府主管理部门提出闭坑申请，在政府主管部门下达审批计划后，编写闭坑地质报告。

生产矿山根据企业审批和政府主管部门下达的审批计划，委托相关单位或组织编制矿山闭坑地质报告，企业给予工作协助。生产矿山负责对矿山闭坑地质报告编写提纲所需相关资料进行收集、整理、分析、归档工作，确保相关资料齐全、真实和准确，能够满足矿山闭坑需要。矿山闭坑地质报告编制完成后，最终经原批准开办矿山的主管部门审核同意后，报地质矿产主管部门会同矿产储量审批机构批准。矿山闭坑地质报告批准后，生产矿山负责组织编写关闭矿山报告，报政府相关主管部门审批。

关闭矿山报告批准后，生产矿山负责完成有关劳动安全、水土保持等工作，企业负责土地复垦和环境保护及绿色矿山建设等工作，并缴清相关费用。凭关闭矿山报告批准文件和有关部门对劳动安全、水土保持、土地复垦和环境保护等工作提供的证明，生产矿井负责向原批准开办矿山的主管部门申请，按照采矿权注销程序办理闭坑手续。

7. 资源安全业务流程

资源安全业务主要是通过预防和管控资源获取、资源储备和资源开发过程中隐蔽致灾因素及周边环境的监测评价，实现预先发现、消除或控制因资源特性导致的安全隐患，满足企业发展正常需求的矿产资源供应保障的稳定程度，以及在矿产资源开发过程中不对周边环境造成威胁，做到安全生产，确保企业战略目标的实现。

本书中资源安全主要是通过预防和管控资源开发过程安全因素及对周边环境的监测，满足化工集团发展正常需求的资源供应，以及在资源开发过程中不对周边环境造成威胁。

矿山在资源安全管理中负主体责任和领导责任。矿山应根据资源赋存特性，收集整理资源项目中存在的水文地质、工程地质及其他安全影响因素，并确保技术资料齐全、真实、准确，可以满足资源安全预测预报工作的需要。同时负责编制资源安全预警报告，并报送监理、施工单位，防止安全事故发生。

资源安全预警报告分为月报、年报和临时性预报，内容主要包括在预报周期内预计采掘范围、工作面工程地质条件、水文地质条件及边坡稳定性等。

（1）月报由生产矿山地测部门根据矿山月度工程计划安排，每月末应编制下一月度的安全预警报告。

（2）年度由生产部门，在每年年初根据矿山生产情况及采掘接续计划安排，编制资源安全预警报告。

（3）临时预报由矿山单位地测部门根据采掘进度情况，针对采掘生产过程中的异常安全情况，随时调查分析，发现问题和险情，及时修编资源安全预警报告，并发出安全预警。

矿山总工程师应组织矿山工程技术人员对资源安全预警报告进行审查，并负责将年报上报企业进行审核，且对年度资源安全预警报告进行审核。

8. 资源统计业务流程

矿产资源统计管理工作是按照管理需求和政府部门要求，对企业矿产资源管理过程中所产生的相关数据进行收集、整理、分析、发布的管理过程以及由此而产生的相关管理工作。管理业务主要包括矿产资源管理数据收集、矿产资源管理数据梳理统计、矿产资源管理数据对比分析、矿产资源管理数据上报、资源统计数据备案归档管理等作业。

矿产资源统计指标以资源储量统计为侧重点，兼顾矿产资源管理指标，重点包含资源计划、矿权运作、资源勘查、采掘协同、储量集成、闭坑运作、资源安全、资源统计等业务。

矿产资源统计调查要根据统计设计所确定的方案，运用科学的调查方法，进行数据收集。统计数据的收集按照逐级汇总的方式开展，基础数据通过原始记录进行记载。

生产矿山是原始记录的管理主体。原始记录应按照各类统计报表的要求，明确种类、格式、填报周期、填报方法、填报人等。原始记录应进行编号管理。

矿产资源统计整理是指根据研究目的和任务，对统计调查所搜集到的原始资料进行科学的加工整理，使之条理化、系统化，把反映企业生产管理的大量原始资料，转化为反映总体的基本统计指标。

矿产资源统计整理是从原始记录、统计台账到统计报表的过程。矿产资源统计整理必须以经过审核的原始记录为依据。各级统计人员负责对原始记录进行审核，审核重点为填报时间是否确切、填报内容是否完整、原始数据有无涂改、逻辑关系是否顺畅、填报人员是否正确等。矿产资源统计台账是由原始记录向统计报表过渡的必要手段，各级统计人员可结合统计工作实际情况，建立必要的统计台账，使台账准确、连续、完整、清晰。矿产资源统计报表是统计整理的最终结果。统计报表应遵循一定的规范，报送企业和企业下属矿山的统计报表分别由企业和企业下属矿山统计主管部门统一规范整理，各单位内部使用的统计报表可结合自身业务特点进行规范整理。矿产资源统计分析要运用统计方法及与分析对象有关的知识，从定量与定性的结合上进行研究。统计分析以定量分析为主，以客观事实为依据，以统计数据为基础。各单位在基础数据支撑下，应积极推进先进统计分析方法的应用，增强对趋势的预判，避免数字的简单罗列。各项原始记录、统计台账、统计报表构成统计资料基本内容，应建档管理。统计资料按存储介质不同分为书面和电子两种形式。

遵循"归口管理、分级负责"的原则，各管理层级矿产资源统计资料由本单位矿产资源业务管理部门负责管理。同时为适应信息化管理要求，统计设计应与信息化工作紧密结合，确保有序衔接、规范统一。

矿产资源统计数据属商业秘密，除按照国家法律规定、政府管理要求和行业交流约定对外提供外，其他事项均应履行相应的保密管理规定。同时各级矿产资源统计人员必须认真学习公司保密工作相关规定，熟悉商业秘密的保密程序，对矿产资源统计资料务必妥善保管，未经批准，任何人不得向外提供，更不得用于商业用途。

4.3.2 工作标准建设

业务标准主要以业务流程为基础，对流程中各关键环节的工作进行规定，以达到业务统一、协调、高效。工作标准对相应的作业内容、信息源、作业文件、指标、知识等内容进行明确，对矿产资源管理业务各关键环节进行有效控制，达到工作条理化、标准化和规范化，以求最佳工作秩序、工作质量和工作效率。

工作标准要求涉及矿产资源管理的各层级、各部门，各项工作以及全体工作人员都要按标准办事，人人有专责，办事有标准，工作有检查。工作标准的制定、执行和不断完善的过程，是不断提高工作质量、提高管理水平、提高经济效益的过程。

矿业企业在矿产资源生产运营体系建设中常见的工作标准如下：

1. 资源计划

资源计划标准包括资源战略规划工作标准；政策研究及市场分析工作标准；编制各单位资源战略规划工作标准；编制企业资源战略规划工作标准；战略部署工作标准；监督控制工作标准；战略纠偏工作标准；分解规划目标到各年度工作标准；下发规划和年度指标工作标准。

2. 矿权运作

矿权运作标准包括查证探矿权是否可申请工作标准；准备新立探矿权申报材料工作标准；准备延续探矿权申报材料工作标准；查证探矿权是否可变更工作标准；准备变更探矿权申报材料工作标准；查证探矿权是否可保留工作标准；准备保留探矿权申报材料工作标准；准备注销探矿权申报材料工作标准；办理探矿权许可证手续工作标准；探矿权年检工作标准；

准备采矿权划定矿区范围申报材料工作标准；准备新立采矿权申报材料工作标准；准备延续采矿权申报材料工作标准；采矿权年检工作标准。

3. 资源勘查

资源勘查标准包括项目立项工作标准；编制勘察设计书工作标准；项目施工

工作标准；竣工验收工作标准；编制成果报告工作标准；资料备案汇交工作标准。

4.采掘协同

采掘协同标准包括建立年度采掘方案工作标准；监测工作标准；动态控制工作标准；制定"三量"控制模型工作标准；"三量"动态平衡工作标准。

5.储量集成

储量集成标准包括资源量估算工作标准；矿产资源储量动态管理工作标准；矿产资源储量台账/报表编制工作标准；矿产资源储量年报编写工作标准；矿产资源储量报销工作标准。

6.闭坑运作

闭坑运作标准包括编制闭坑计划工作标准；闭坑申请工作标准；编制关闭矿山报告工作标准；编制环境恢复治理与土地复垦方案工作标准；环境恢复治理与土地复垦实施工作标准。

7.资源安全

资源安全标准包括隐蔽致灾因素收集工作标准；编制资源安全预警报告工作标准；安全预警工作标准；隐蔽致灾因素监测工作标准；隐蔽致灾因素评价工作标准；开工前的安全管理工作标准；施工中的安全管理工作标准；矿建安全总结工作标准；采区掘进前的安全管理工作标准；生产过程中的安全管理工作标准；闭坑阶段的安全管理工作标准。

8.资源统计

资源统计标准包括矿产资源管理数据收集工作标准；矿产资源管理数据梳理统计工作标准；矿产资源管理数据对比分析工作标准；矿产资源管理数据上报工作标准；资料备案归档管理工作标准。

4.3.3 标准化文件建设

矿产资源业务活动过程中，根据国家矿产资源管理的法律法规以及矿业企业矿产资源管理规章制度，根据不同的业务建立相应的标准化文件。标准化文件主要包括文件模式、报表模式、台账模式三种模式。

标准化文件主要根据国家矿产资源管理规定及企业业务管理办法要求，结合目前业务活动中采用的习惯性做法，按照形式模板统一、填写标准规范、设计种类齐全的要求，对矿产资源业务活动过程中流转的各类文件、报表、台账等文件进行标准化设计，实现标准化管理。

第5章 矿产资源管控体系

5.1 矿产资源管控体系内涵

矿产资源管控体系建设的目的是实现保障矿业企业矿产资源战略/规划、管理目标和管理指标的有效落实，实现管理出效益。为了实现这个目标，可以采取相关措施，利用计划、组织、领导、控制等管理学手段，对企业的日常管理和生产活动进行安排，以求达到有序生产的目的。

通过分析矿业企业管理现状，结合企业属性，科学规划、合理利用自有资源，达到资源安全、高效、经济利用，保障企业的可持续发展和高质量发展，一般性的资源型企业选用处于中间状态的战略型控制管控模式，以实现企业矿产资源战略发展方向、目标及业务的组合。

在确定管控模式后，企业可进一步根据选择的管控模式特征，进行机构架设、管理属性配置、岗位编制和考评体系设立。

5.1.1 矿业企业管控模式

集团矿产资源管控是指大型企业的总部或者管理高层，对下属企业或部门实施的管理控制及资源的协调分配等。集团管控使得集团战略的执行由集团层面战略总体调度，使各个子公司战略之间发生"化学变化"，从而完成集团战略，追求总体效益最大化。根据总部的集、分权程度不同,可以把总部对下属企业的管控模式划分成"操作管理型""战略管理型"和"财务管理型"三种管控模式。这三种模式各具特点,集团矿产资源管理的核心是确立集团管理总部与下属公司的责权分工,通过对管理总部的功能定位和职能共享来推动集团资源战略的实施。集团管理控制模式的选择将成为集团化管理所需要考虑的首要问题。

1. 集团管控模式的内涵

集团管控模式是一个相互影响、相互支持的有机体系,其确定过程涉及三个层面的问题:首先是狭义的管理模式的确定,即总部对下属企业的管控模式;其次是广义的管控模式,它不仅包括狭义的具体的管控模式,而且包括公司的治理结构的确定、总部及各下属公司的角色定位和职责划分、公司组织架构的具体形式选择(直线职能制、事业部制、矩阵制等)、对集团重要资源的管控方式(如对人、财、物的管控体系)以及制度管理体系的建立;最后是对与管控模式相关的一些重要外界因素的考虑,涉及资源战略目标、业务及管理流程体系以及资源管理信息平台。

2. 三种具体管控模式

根据总部的集、分权程度不同,可以把总部对下属企业的管控模式划分成"操作管理型"、"战略管理型"和"财务管理型"三种。这三种模式各具特点:

(1)操作管理型:总部通过职能管理部门对下属企业的日常经营运作进行管理。为了保证战略的实施和目标的达成,集团的各种职能管理非常细致。总部保留的核心职能包括战略控制、业务管理、人力资源等。人事管理不仅负责全集团的人事制度政策的制定,而且负责管理各下属公司二级管理团队及业务骨干人员的选拔、任免。在实行这种管控模式的集团中,各下属企业业务的相关性很高。为了保证总部正确决策并能应付解决各种问题,总部职能人员的人数会很多,规模会很庞大。

(2)战略管理型:集团总部负责集团的资产运营和集团整体矿产资源战略规划,各下属企业(或事业部)也要同时制定自己的资源战略规划,并提出达成规划目标所需投入的预算。总部负责审批下属企业的计划并给予有附加价值的建议,批准其预算,再交由下属企业执行。在实行这种管控模式的集团中,各下属企业业务的相关性要求也很高。为了保证下属企业目标的实现以及集团整体利益的最大化，集团总部的规模并不大，但主要集中在进行综合平衡、提高集团综合效益上做工作。如平衡各企业间的资源需求、协调各下属企业之间的矛盾、推行"无边界企业文化"、培育高级主管、管理品牌、分享最佳典范经验等。这种模式可以形象地表述为"上有头脑，下也有头脑"。运用这种管控模式的典型公司有必和必拓、嘉能可等。目前世界上大多数矿业巨头都采用或正在转向这种管控模式。

（3）财务管理型：集团总部只负责集团的财务和资产运营、财务规划、投资决策和实施监控，以及对外部企业的收购、兼并工作。下属企业每年会给定各自的财务目标，它们只要达成财务目标就可以。在实行这种管控模式的集团中，各下属企业业务的相关性可以很小。典型的财务管理型集团公司有和记黄浦。和记黄浦集团在全球 45 个国家经营多项业务，雇员超过 18 万人，它既有港口及相关服务、地产及酒店、零售及制造、能源及基建业务，也有因特网、电讯服务等业务。总部主要负责资产运作，因此总部的职能人员并不多，主要是财务管理人员。GE 公司也是采用这种管控模式。这种模式可以形象地表述为"有头脑，没有手脚"。

操作管理型和财务管理型是集权和分权的两个极端，战略管理型则处于中间状态。根据实际运用情况，通常又将战略管控型进一步细化为"战略控制型"和"战略设计型"，前者偏重集权而后者偏重分权。

3. 管控模式的有机体系

确定集团公司管控模式涉及的第三个层面的问题，是对与管控模式相关的一些重要外界因素的考虑，包括资源战略目标、业务、管理流程体系以及资源管理信息平台。

管控模式对于集团公司是十分重要的，但管控模式的选择应该以什么为标准？管控模式的制定需要从何入手？如果就事论事往往难以说清楚，解决不了问题。要解决这些问题，都不可避免地涉及公司战略目标。因为管控体系的建立是以完成集团特定的战略目标为目的的，它是为实现集团的资源战略目标服务的。所以，集团公司管控体系建立的基准是集团的资源战略。要实现集团公司的有效管控，首先应该把本集团的业务发展战略理清楚，给整个集团一个发展的方向和目标。让所有的员工都知道路向何处走，劲往何处使。否则，集团公司的管控体系就失去了确立的依据，盲目建立起来的管控体系往往是无效的。

其次，管控模式如何具体落实到每个岗位、每个员工，并使之真正有效？管控模式的问题不是仅仅停留在管控模式本身就能解决的，它需要有具体的途径来落实。例如，一个公司的战略目标很清晰，治理结构和组织架构也很匹配，部门职责划分也很清楚。但是不是工作就可以自动有效地进行？目标就一定能顺利实现呢？答案显然是否定的，因为它们还缺乏落实的保障条件。可以想一下，如果一个企业的岗位职责不清晰、薪酬福利不合理、绩效管理不健全、员工培训跟不上、员工发展没前景，员工们会有工作积极性吗？企业的目标最终能实现吗？因此，集团公司管控模式的落实，还应有人力资源管理体系的完善和配合。

再次，工作流程也是能使集团公司管控体系有效运作的一个重要支持体系。工作流程即做事的过程，是一组将输入转化为输出的相互关联或相互作用的、与企业工作相关的活动。这些活动存在的价值一是能增加工作的价值、提高工作的效率；二是能减少错误、降低风险。绝大多数企业都有自己的规章制度和工作标准，但无法保证员工都能严格遵守。而优化的工作流程，可以将这些制度、标准要素有效地衔接起来，形成规范的工作程序，保证各种制度标准的实现和工作的有效进行。特别是在集团公司的管控随着集团规模的不断扩展而日益复杂时，如果没有优化的工作流程体系，集团公司将难以避免效率的损失和风险的产生，有效的管控也难以实现。

但是，现在也有一种过于强调工作流程的看法，似乎只要把工作流程梳理清楚了，一切管理方面的问题就迎刃而解了。其实这也是一种误解，同样是十分危险的。管控模式的明晰使得在此基础上进行的工作流程的设计和优化有了科学的依据，从而保证了公司整体工作流程的高效运行。在整个集团管控体系明晰、合理的基础上构建起来的管理信息系统可以帮助组织进一步提高工作效率、防范经营风险，提高决策的科学性。因此，总部的功能定位是确定集团公司管控模式的一个"纲"，它在管控模式确定中起到纲举目张的关键作用。

但是，总部功能定位并非一成不变的。公司总部的功能未来将有以下变化。一是总部的服务功能将大量外包，以提高总部的成本效率；二是部分总部的功能将更加强化，如高管人员的选拔和培养、经验交流和战略规划；三是弱化总部在研发、质量、营销等方面的功能，使之更加贴近市场；四是通过整合内、外部资源，为下属企业提供更多的服务；五是强化总部的影响力，即总部在提高整体管理水平的同时，应给下属公司带来更多的附加价值。总体来说，集团总部的功能定位将从原来的、以"管控"为导向的角色向以"提供附加价值"为导向的角色转变。

4. 复合型管控模式

对于多业务的集团公司,可能会面临来自不同产权结构的子公司情形,通常对于不同的产权结构,建议采用复合型的管理模式进行集团化管理设计。复合型的管理模式具体分为四种,即指标管理、扶持、培育、效益监控。这四种管理模式构成了复合型管控模式的基本类型。

(1)指标管理型:集团对子公司的管理目标就是要使下属子公司具有持续性的盈利能力,通过设定战略和绩效目标并监控来掌握下属公司的经营情况,提供必要的技能和资源支持,主要是资金和外部资源整合的支持。

(2)扶持型:集团的管理可能不是以盈利作为目标,而是将管理重点放在子公司核心竞争能力的建设上。通过参与下属企业的战略决策及重大投资项目的评估和前期实施,协助下属企业开展外部资源的整合及建立系统的管理和运营体系,提供任何必要的技能和资源支持,如项目开发、资金、政府关系等,来协助企业建立自己的核心能力。

(3)培育型:通常培育型企业的子公司业务是集团未来发展的支柱性产业,因此集团管理的目标重点关注对新兴产业的培育和孵化。通过决定下属企业的发展方向、目标及业务组合、协助下属企业进行业务开拓和市场开发、参与主要投资项目的评估与决策、控制并防范风险、在技能和资源方面全力配合和支持等来逐步建立产业的竞争优势。

(4)效益监控:效益监控型的企业子公司通常作为集团的一些衰退产业,集团对其管理的重点是减少亏损,提高资产价值。

总之,要建立一个有效的管控模式,需要从整个集团的业务特点、集团母合优势、治理结构、组织结构、人力资源、流程、信息系统等各方面进行系统思考和设计。在集团化管理体系中,集团的发展战略居首要地位,它是集团公司管控模式形成的依据。而人力资源体系、公司流程和信息系统则是管控模式得以实施的支持体系,它们帮助管控模式真正有效地运作起来,并最终实现集团的战略目标,它们是一个相互影响、相互支持的有机体系,因此称之为"集成的管控体系"。

在流程与其他管理,尤其是与人的因素之间,流程不是一个刚性的约束因素,不可能制定好一系列流程之后让大家照章办事就可以万事大吉了。人是活的,如果工作流程不与员工的激励与约束机制相配合,流程将无人遵守,制度将无人执行，标准将无人参照，再好的流程也将是个摆设。

其次，管理信息系统也是支持集团公司管控模式实施的一个重要方面。企业管理信息系统的发展和应用对企业，尤其是大型集团公司管理效率的提高影响非常大，甚至是革命性的。企业规模的大小必然影响组织结构的变化——规模大的企业很容易形成多层次的管理结构，而每多一个层级，不仅会造成管理上的低效率，而且势必对信息的传递产生干扰，使最终到达企业领导层的信息失真。为了提高管理效率、准确了解下情，过去企业里经常采用的方法是减少管理层次，或将决策权力下放。但这样都会有新的风险产生，如管理幅度过宽而导致对市场的反应速度慢，或是由于权力下放过大而导致管理失控，等等。因此，企业在业务规模扩大的同时，经常处于权力"放、收两难"的境地。

5. 总部功能定位

集团公司管控模式确定的关键在于总部的功能定位。由于集团化管理在国内企业出现的时间很短，集团公司总部的功能定位更是一个新的问题。集团公司总部的基本职能是什么？集团公司总部应该如何定位？这是集团公司实现有效管控的一个关键问题。

通常集团总部的职能主要集中在战略管理、风险控制、运营协调、职能支持四个方面，战略管理主要是解决集团整体的发展问题和核心竞争力的培育问题；风险控制主要是解决集团的可持续性问题；提高集团的生存质量；运营协调主要解决整个集团各业务的协同性问题，通过创造集团独特的母合优势，来实现集团业务的价值最大化；职能支持主要是通过集团总部的职能共享和业务共享来实现集团运作效率的提高，这些职能支持包括人力资源、信息系统、财务系统。

在不同管控模式下集团总部扮演的角色是不同的。如采用财务管控型的集团公司，总部集权程度低；而采用操作管控型的集团公司，总部集权程度较高。但不论总部集权程度如何，其目标都应该是为集团整体创造合理的附加价值，为集团整体目标的实现发挥积极的作用。因此，总部职能定位是为集团整体提供附加价值。如果总部定位不合理，不仅不会带来附加价值，还会带来毁损价值。比如集团公司的治理结构不健全，对总经理的监管缺位而导致总经理决策严重失误；集团公司组织结构不合理，总部各部门之间以及与下属企业之间相互扯皮；管理层次多，经营决策官僚化，贻误商机；总部不能对下属业务单位提供必要的技术支持及内行指导；绩效考核指标片面，误导业务单位经营活动等，这些都是常见的问题。

明确了总部的功能定位之后，总部与下属公司间的相互关系和职责分工就比较容易理顺了。随之而来的集团公司的具体管控模式的选择、组织形式的确定、组织内各部门职能的定位和职责划分等工作就都有了明确的依据。与此同时，相应的支持体系的建立和完善也就可以顺理成章了。比如在人力资源管理体系中，最基础的工作——岗位设置及其职责描述、价值评估等工作有了依据，就可以在此基础上搭建起薪酬、绩效、能力、招聘、培训等一系列的管理体系。

5.1.2 矿业企业管理性质和职能

任何社会的生产都是在一定的生产方式或一定的生产关系下进行的。生产过程具有二重性，既是物质资料的再生产，又是生产关系的再生产。因而，用来组织整个生产经营活动的企业管理也必然具有二重性，一方面，它具有与社会化大生产、生产力相联系的自然属性；另一方面，它又具有与生产关系、社会制度相联系的社会属性。

由企业管理二重性所决定的合理组织生产力和不断完善生产关系的两种基本职能是结合在一起发生作用的，由于生产过程是生产力和生产关系的统一，人与物的关系同人与人的关系紧密联系而不可分割，故在实际的管理活动中，可把企业管理的基本职能概括为五个具体职能：

（1）计划职能

计划是企业管理的首要职能，它是企业各项工作的纲。这个职能包括调查研究过去和现在的情况变化，对未来作出经济预测；对企业的经营方针，经营目标作出决策；编制实现经营目标的长期和年度经营计划；确定实现计划的措施方法，并将计划指标层层分解落实到各个部门、各个环节；计划的检查、控制和评价等。

（2）组织职能

组织是根据已制定的计划，把企业生产的各要素、各生产环节、各部门，从分工协作、相互关系，以及空间、时间的结合上科学地划分职责，组成一个协调一致的整体，以便有效地进行生产经营活动。组织职能包括建立科学的企业管理组织机构，规定各部门的职责分工；建立合理的生产结构和生产组织系统；根据"因事设职"、"因职配人"的原则，挑选和配备各级各部门的人选。组织职能中很重要的一项工作是如何用人，即对人才的发现、选择、培养、提拔和聘任，把适当的人才安排在适当的岗位,从事适当的工作,使人尽其才,各得其所,充分调动每个人的积极性。

（3）指挥职能

指挥是对企业各级各类人员的指导,保证企业生产经营活动的正常进行和既定目标的实现。矿山企业的生产经营活动十分复杂,企业职工成千上万,必须有统一的组织,服从统一的指挥,这是现代化大生产的客观要求。

（4）协调职能

协调是指协调企业内部各级各部门的工作和各项生产经营活动,使它们建立良好的配合关系,消除工作中的脱节现象和矛盾,以期有效地实现企业的经营目标;协调是企业管理的一项综合性职能,每项管理职能都要进行协调工作,因此协调可以看作管理的本质。协调分为上下级之间的纵向协调和同级部门之间的横向协调。

（5）控制职能

控制是指按预定计划和目标、标准进行检查,考察实际完成情况同原定计划、标准的差异,分析原因,采取对策,及时纠正偏差,保证计划目标的实现;同时,通过经常收集生产经营活动成果,进行信息反馈,对企业活动实行有效控制。

5.1.3　矿业企业管理组织

矿业企业管理组织就是一种决策权的划分体系以及各部门的分工协作体系,需要根据企业总目标,把企业管理要素配置在一定的方位上,确定其活动条件,规定其活动范围,形成相对稳定的科学的管理体系。企业组织机构设置得是否合理,人员配备是否合适,其重要性仅次于企业最高领导人的选取。企业领导者要使领导、指挥等管理工作有效,就必须建立起一套健全的、精干的、高效的和节约的组织机构。

现代矿业企业由于管理工作涉及的内容广泛复杂,高层领导不得不借助一套组织机构去实施各项领导职能。组织机构规定了企业各级人员的职权范围和责任关系,使各级各类人员按照组织机构所规定的"程序"和"轨道"有效地开展工作。一个企业即使有一位精明强干的企业家,如果他的组织机构是臃肿低效的,那么内部也会充满冲突,其能力和才干的发挥也会很困难的,很难做出重大的贡献。

1.管理组织的原则

纵观国内外关于管理组织原则的论述,结合我国的实际情况,矿业企业在设计和变革组织机构时，必须遵循以下六大原则。

（1）目标任务原则

这是组织机构设计工作的出发点和归宿点，因为企业组织设计的根本目的是为了实现企业的战略任务和经营目标。因此，按照目标任务原则应做到：①企业的管理组织机构及其每一部分分支，都应当有特定的任务和目标，并应当服从实现企业整体经营目标的要求；②设置组织机构要以事为中心，因事设机构、设岗位、设职务，配备适宜的管理人员，做到人和事的高度配合；③当企业目标任务发生重大变化时，组织机构必须进行相应的调整和变革。

（2）责权利相结合的原则

责权利三者之间是不可分割的，是协调、平衡和统一的。其中，权力是责任的基础；责任是权力的约束；利益的大小决定了管理者是否愿意担负责任以及接受权力的程度。

（3）分工协作原则及精干高效原则

企业任务目标的完成，离不开企业内部的专业化分工和协作，只有在合理分工的基础上加强协作和配合，才能保证各项专业管理工作顺利展开，从而达到组织的整体目标。因此，按照分工协作原则及精干高效原则应注意：①要注意分工的合理性，即分工要符合精干的原则；②要注意发挥纵向协调和横向协调的作用；③要加强管理职能之间的相互制约关系。

（4）管理幅度原则

管理幅度指一个主管能直接有效地指挥下属成员的数目。管理幅度的大小，既取决于上级主管的能力和精力，也取决于这个主管所处的管理层次。由于受个人精力、知识、经验条件的限制，一名领导人能够有效领导的直属下级人数是有限的。有效管理幅度不是一个固定值，它受职务的性质、人员的素质、职能机构健全与否等条件的影响。这一原则要求在进行组织设计时，领导人的管理幅度应控制在一定水平，以保证管理工作的有效性。由于管理幅度的大小同管理层次的多少呈反比例关系，这一原则要求在确定企业的管理层次时，必须考虑到有效管理幅度的制约。因此，有效管理幅度也是决定企业管理层次的一个基本因素。一般来说，管理幅度不能太大，一般以4~6人为宜。

（5）稳定性和适应性相结合原则

稳定性和适应性相结合原则要求组织设计时，既要保证组织在外部环境和企业任务发生变化时，能够持续有序地正常运转，又要保证组织在运转过程中，能够根据变化了的情况做出相应的变更，组织应具有一定的弹性和适应性。为此，需要在组织中建立明确的指挥系统、责权关系及规章制度；同时要求选用一些具有较好适应性的组织形式和措施，使组织在变动的环境中，具有一种内在的自动调节机制。

（6）集权与分权相结合的原则：

企业组织设计时，既要有必要的权力集中，又要有必要的权力分散，两者不可偏废。集权是大生产的客观要求，它有利于保证企业的统一领导和指挥，有利于人力、物力、财力的合理分配和使用。而分权是调动下级积极性、主动性的必要组织条件。合理分权有利于基层根据实际情况迅速而正确地做出决策，也有利于上层领导摆脱日常事务，集中精力抓重大问题。因此，集权与分权是相辅相成，矛盾统一的。没有绝对的集权，也没有绝对的分权。企业在确定内部上下级管理权力分工时，主要考虑的因素有企业规模的大小、企业生产技术特点、各项专业工作的性质、各单位的管理水平和人员素质的要求等。

集权是大生产的客观要求，而分权是调动下级积极性、主动性的必要组织条件。因此，企业在进行组织设计或调整时，既要有必要的权力集中，又要有必要的权力分散，两者不可偏废。

2. 管理组织的形式

矿山管理的具体组织形式主要有直线制、职能制、直线职能制、事业部制、模拟性分散管理制和矩阵制等。

（1）直线制

直线制是一种最早也最简单的组织形式。它的特点是企业各级行政单位从上到下实行垂直领导，下属部门只接受一个上级的指令，各级主管负责人对所属单位的一切问题负责。厂部不另设职能机构（可设职能人员协助主管人工作），一切管理职能基本上都由行政主管自己执行。直线制组织结构的优点是结构比较简单、责任分明、命令统一。缺点是它要求行政负责人通晓多种知识和技能，亲自处理各种业务。这在业务比较复杂、企业规模比较大的情况下，把所有管理职能都集中到最高主管一人身上，显然是难以实现的。因此，直线制只适用于规模较小、生产技术比较简单的企业，对生产技术和经营管理比较复杂的企业并不适宜。

（2）职能制

职能制组织结构是各级行政单位除主管负责人外,还相应地设立一些职能机构。如在厂长下面设立职能机构和人员,协助厂长从事职能管理工作。这种结构要求行政主管把相应的管理职责和权力交给相关的职能机构,各职能机构就有权在自己业务范围内向下级行政单位发号施令。因此,下级行政负责人除了接受上级行政主管指挥外,还必须接受上级各职能机构的领导。职能制的优点是能适应现代化工业企业生产技术比较复杂,管理工作比较精细的特点;能充分发挥职能机构的专业管理作用,减轻直线领导人员的工作负担。但缺点也很明显,它妨碍了必要的集中领导和统一指挥,形成了多头管理;不利于建立和健全各级行政负责人和职能科室的责任制,在中间管理层往往会出现有功大家抢、有过大家推的现象;另外,在上级行政领导和职能机构的指导和命令发生矛盾时,下级就无所适从,影响工作的正常进行,容易造成纪律松弛、生产管理秩序混乱。由于这种组织结构形式的明显缺陷,现代企业一般都不采用职能制。

(3)直线职能制

直线职能制也叫生产区域制,或直线参谋制。它是在直线制和职能制的基础上,取长补短,吸取这两种形式的优点而建立起来的。目前,我国绝大多数企业都采用这种组织结构形式。这种组织结构形式是把企业管理机构和人员分为两类,一类是直线领导机构和人员,按命令统一原则对各级组织行使指挥权;另一类是职能机构和人员,按专业化原则,从事组织的各项职能管理工作。直线领导机构和人员在自己的职责范围内有一定的决定权和对所属下级的指挥权,并对自己部门的工作负全部责任。而职能机构和人员,则是直线指挥人员的参谋,不能直接对部门发号施令,只能进行业务指导。直线职能制的优点是既保证了企业管理体系的集中统一,又可以在各级行政负责人的领导下,充分发挥各专业管理机构的作用。其缺点是职能部门之间的协作和配合性较差,职能部门的许多工作要直接向上层领导报告请示才能处理,这一方面加重了上层领导的工作负担;另一方面也造成办事效率低。为了克服这些缺点,可以设立各种综合委员会,或建立各种会议制度,以协调各方面的工作,起到沟通作用,帮助高层领导出谋划策。

(4)事业部制

事业部制最早是由美国通用汽车公司总裁斯隆于1924年提出的,故有"斯隆模型"之称,也叫"联邦分权化",是一种高度(层)集权下的分权管理体制。它适用于规模庞大、品种繁多、技术复杂的大型企业,是国外较大的联合公司所采用的一种组织形式,近几年我国一些大型企业集团或公司也引进了这种组织结构形式。事业部制是分级管理、分级核算、自负盈亏的一种形式，即一个公司按地区或按产品类别分成若干个事业部，从产品的设计、原料采购、成本核算、产品制造，一直到产品销售，均由事业部及所属工厂负责，实行单独核算，独立经营，公司总部只保留人事决策、预算控制和监督大权，并通过利润等指标对事业部进行控制。也有的事业部只负责指挥和组织生产，不负责采购和销售，实行生产和供销分立，但这种事业部正在被产品事业部所取代。还有的事业部则按区域来划分。

（5）模拟分权制

这是一种介于直线职能制和事业部制之间的结构形式。许多大型企业，如连续生产的钢铁、化工企业由于产品品种或生产工艺过程所限，难以分解成几个独立的事业部。又由于企业的规模庞大，以致高层管理者感到采用其他组织形态都不容易管理，这时就出现了模拟分权组织结构形式。所谓模拟，就是要模拟事业部制的独立经营，单独核算，而不是真正的事业部，实际上是一个个"生产单位"。这些生产单位有自己的职能机构，享有尽可能大的自主权，负有"模拟性"的盈亏责任，目的是要调动他们的生产经营积极性，达到改善企业生产经营管理的目的。需要指出的是，各生产单位由于生产上的连续性，很难将它们截然分开，就以连续生产的石油化工为例，甲单位生产出来的"产品"直接就成为乙生产单位的原料，这当中无需停顿和中转。因此，它们之间的经济核算，只能依据企业内部的价格，而不是市场价格，也就是说这些生产单位没有自己独立的外部市场，这也是与事业部的差别所在。模拟分权制的优点除了调动各生产单位的积极性外，还解决了企业规模过大不易管理的问题。高层管理人员将部分权力分给生产单位，减少了自己的行政事务，从而把精力集中到战略问题上。其缺点是不易为模拟的生产单位明确任务，造成考核上的困难；各生产单位领导人不易了解企业的全貌，在信息沟通和决策权力方面也存在明显的缺陷。

（6）矩阵制

在组织结构上，把既有按职能划分的垂直领导系统，又有按产品（项目）划分的横向领导关系的结构，称为矩阵组织结构。矩阵制组织是为了改进直线职能制横向联系差、缺乏弹性的缺点而形成的一种组织形式。它的特点表现在围绕某项专门任务成立跨职能部门的专门机构上，例如组成一个专门的产品（项目）小组去从事新产品开发工作，在研究、设计、试验、制造各个不同阶段，由有关部门派人参加，力图做到条块结合，以协调有关部门的活动，保证任务的完成。这种组织结构形式是固定的,人员却是变动的,需要谁,谁就来,任务完成后就可以离开。项目小组和负责人也是临时组织和委任的。任务完成后就解散,有关人员回原单位工作。因此,这种组织结构非常适用于横向协作和攻关项目。矩阵结构的优点是机动、灵活,可随项目的开发与结束进行组织或解散;由于这种结构是根据项目组织的,任务清楚,目的明确,各方面有专长的人都是有备而来。因此在新的工作小组里,能沟通、融合,把自己的工作同整体工作联系在一起,为攻克难关,解决问题而献计献策,由于从各方面抽调来的人员有信任感、荣誉感,使他们增加了责任感,激发了工作热情,促进了项目的完成;它还加强了不同部门之间的配合和信息交流,克服了直线职能结构中各部门互相脱节的问题。矩阵结构的缺点是项目负责人的责任大于权力,因为参加项目的人员都来自不同部门,隶属关系仍在原单位,只是为"会战"而来,所以项目负责人对他们管理困难,没有足够的激励手段与惩治手段,这种人员上的双重管理是矩阵结构的先天缺陷;由于项目组成人员来自各个职能部门,当任务完成以后,仍要回原单位,因而容易产生临时观念,对工作有一定影响。矩阵结构适用于一些重大攻关项目,企业可用来完成涉及面广的、临时性的、复杂的重大工程项目或管理改革任务,特别适用于以开发与实验为主的单位,例如科学研究,尤其是应用性研究单位等。

为了充分发挥行政组织作用,必须建立和健全以矿长为首的生产经营指挥系统,它包括矿级、车间(坑口)二级的行政领导人,以及作为行政领导人助手的职能科室和专职人员,也就是以矿长为首的一整套生产经营行政组织。目前,中国大多数矿山企业是采用直线职能制的管理组织形式。职能科室的设置既要满足生产经营需要,又要力求精简,既要有利于分工负责,又要便于统一管理,提高工作效率。

5.1.4 矿业企业规范化管理

矿业企业规范化管理是建立在企业管理规范化的基础上,依照企业的运营流程或框架对组织体系进行建设和管理,解决企业管理的集权和分权、人治与法治问题;要求对企业运营的流程制度化、流程化、标准化、表单化以及数据化;要求企业建立以责、权、利对等为基础的管理框架,通过这种规范化的建设,使企业的常规事件纳入制度化、数据化、流程化的管理,以形成统一、规范和相对稳定的管理体系,以及提高工作质量和工作效率,达到保障企业的正常运营的目的。

1. 规范化管理的内容

矿业企业规范化管理是一个系统工程，要使这个系统工程正常运转，达到高效、优质、高产、低耗的目的，就必须运用科学的方法、手段和原理，按照一定的运营框架，使企业的各项管理机制实现规范化管理。

矿业企业管理规范化是指依据企业开展管理事务的规范运营框架或流程（包括战略、营销、财务、生产、人力资源、组织结构等框架，也可以是计划、组织、领导、控制等流程）形成统一、规范和相对稳定的管理体系，并在管理工作中按照这些组织框架和运营流程进行实施，以使管理工作井然有序和协调高效。

规范化管理在企业运作上涉及多个方面，包括战略规划与决策程序、组织机构、业务流程、部门和岗位设置、规章制度和管理控制等方面。规范化的内容简单地说就是"五化"，即制度化、流程化、标准化、表单化、数据化。

（1）战略规划和决策的规范化

在我国很多中小企业里，企业人员从上到下对未来的发展方向以及前途，没有统一的、清晰的认识，对企业发展的预期充满了不确定性。在这种情况下，必须有一个科学、规范、务实的企业战略分析系统，对企业未来的发展机会、威胁、弱势和优势进行有效的分析，确定企业的理念和文化，进行经营定位、行业定位、产品定位和市场定位，以及明确公司战略，随后"量体裁衣"制定企业的竞争战略和各职能层战略。

决策程序化不仅意味着要在内容体系完整的基础上进行决策，而且要运用科学方法进行决策，并把决策活动约束在既定的程序中，避免企业决策受决策人的知识结构、情绪波动、感情冲动、价值偏好的影响，使企业的任何决策都成为一种推动企业发展的最优选择。

（2）运营流程规范化

一般企业对部门内部的管控都有一定的管理办法，但对于部门之间的衔接却很难有较好的管控方法，所以，需要对企业运营的流程进行明确，使部门纳入到流程中，成为企业流程中的一个结点。流程一般包括岗位工作流程、系统业务流程、企业组织流程。在进行流程规范化的时候，必须先明确企业的战略方向和目标、识别流程及其现状，然后确定企业的各个流程，并对流程进行科学的规划和设计，使企业运营达到效率最优。

（3）组织结构的规范化

组织结构是关于企业运营过程中涉及的目标、任务、权利、操作以及相互关系的系统。具体内容包括企业各部门之间的结构、岗位设置、岗位职责以及岗位描述等。目的在于协调好企业部门与部门之间、人员与任务之间的关系，使员工明确自己在公司中应有的权、责、利，以及工作形式、考核标准，有效地保证活动的开展，最终实现组织目标。

组织结构决定着组织行为，直接影响企业战略的执行，所以必须依据企业的实际情况，为企业设计与其匹配的组织结构，达到顺畅地发挥作用的目的。组织结构规范化强调组织架构的设计，应该建立在系统思考的基础上。各单位、部门和岗位，都必须从系统的角度出发，对应企业的目标来界定自己工作的内容、标准和要求，以及所能支配的资源，使之按照既定标准，对所获得的资源的配置方式进行选择，行使决策权力，并承担相应决策的责任。

（4）规章制度的规范化

管理制度是规范化管理的有效工具，可以对部门、岗位和员工的运行准则进行很好的界定，它能够使整个公司的管理体系更加规范，使每个员工的行为受到合理的约束和激励，做到"有规可依、有规必依、执规有据、违规可纠、守规可奖"。其主要内容包括管理体系的规范化、行为准则界定的规范化、绩效管理标准的规范化、违规行为处罚的规范化等。

（5）资料信息体系规范化

从有利于信息化、有利于信息共享、有利于减轻基层负担出发，根据新流程、新制度的要求，按照格式模板统一、填写标准统一、资料共享及归档要求统一、检查指导要求统一、评分考核要求统一、绩效兑现要求统一的标准，完善台账、记录、报表，完善内部共享资料数据库，推进基础信息化管理和流程关键点的过程控制，为量化考核、追溯责任和绩效考核提供依据。

（6）管理控制的规范化

企业的规模越来越大，作为管理者对企业的管理难度也越来越大。这就需要企业有一套有效的管理控制系统，管理者可以通过这套规范化的系统，对企业的战略、营销、生产、财务、人力资源、技术开发、供应链、产品的品质等模块进行有效的管理和控制，来实现管理者的意图。使企业的每个岗位、活动、每份资产每时每刻都处于受控之中。

通过对企业这几个方面的规范化，最终使得企业的决策程序化、考核定量化、组织系统化、权责明晰化、奖惩有据化、目标计划化、业务流程化、措施具体化、行为标准化、控制过程化。

2.矿产资源规范化管理的作用

规范化管理是企业在内外因素作用下的一种自觉的"内功修炼"。

通过利用现代企业管理的观念、方法和手段，使企业的管理不断完善和健全，从而增强企业解决问题的能力、企业抵御风险的能力和对市场的应变能力，提高企业的市场竞争力。

（1）规范化管理具有整合功能

规范化管理具有整合功能，管理制度都是开放式的，特别是它的用人制度、分配制度和考核制度都是公开的，也是公正的。在这种氛围里，积极的、健康的、美好的、善的东西将得到张扬，而那些不健康的、消极的、腐朽的思想和行为则无处藏身，因而弃恶从善、追求进步将成为人们的自觉行为。

（2）规范化管理具有激励员工的功能

规范化管理通过对企业人才、资本等要素的重新整合，以及对管理制度的调整，使其达到最合理的状态，使庸者自奋，能者有用武之地，从而激发企业员工发展的主人翁意识，认真负责并创造性地做好每一项工作。

"没有规矩不成方圆"，依法治国、依法治企已成为时代发展的要求。在社会主义市场经济发展逐步成熟的今天，在现代企业管理制度不断完善的过程中，企业必须按照时代的要求，探索和制订科学性、合理性和预见性的经营管理方法，走上规范化管理的道路，把企业所拥有的各种资源统一起来形成合力，最大限度地发挥潜能，来实现企业可持续的、良性的发展。只有这样，才能在企业内部形成管理者和员工"同呼吸共命运"的利益共同体，更好地发挥广大员工的主动性、积极性和创造性，抓住机遇、迎接挑战，使企业在激烈的市场竞争中立于不败之地。

5.2　矿产资源管控体系构建

矿业企业可通过优化组织机构、优化职能权责、规范管理流程、建立管理制度、建少工作数量和运行层次，建立以计划为纲、执行为要、责任明晰、过程可控的全方位矿产资源管控体系。

5.2.1 管理组织

在进行管理组织设计时,需要结合矿业企业管理现状,对企业及其下属子公司的管控模式分别进行管理组织设计。

1.部门职责

(1)部门职能分解

为使矿产资源业务管控体系有效运行,要分析企业及其下属子公司现有业务,对企业矿产资源管理进行总体设计,部门职能分解是根据各级业务关系合理划分不同部门的功能,并将管理层次层层分解为各个管理部门、管理职务和岗位的业务工作。

(2)职能分解的基本要求

职能分解的基本要求包括矿产资源业务运行的独立性、运行的可操作性、避免部门管理和技术职能重复,以及避免业务运行脱节。

(3)三级职能分解的含义

矿产资源管理部门的职能内涵分为三级,一级职能是部门定位,反映本部门存在的价值;二级职能反映部门管理职责;三级职能反映具体管理内容。

在进行管理组织设计时,需要考虑各部门工作目标分解、职能分解、工作类别、岗位所要求的知识、技术和技能、工作的难易程度和所承担的责任,以及整体组织设计中各部门的横向、纵向沟通渠道、信息渠道等因素。通过对投资企业及各子企业各部门(各岗位)进行重新整合,使各部门职能清晰、结构简化,各项工作都能得到很好的落实,从而使企业所有的岗位设置合理化、规范化、科学化。

2.岗位设置

(1)关于设岗内容

明确的岗位职责和任职条件是实行专业技术职务聘任制、合理设置岗位不可缺少的重要内容,这里所说的岗位,是职务、职责和任职条件的统称,而不是以某人而定,岗位是相对固定的,而人是可以变换的,任何在这个岗位工作、担任这个职务的人,都应具备这个岗位的任职条件、履行相应的岗位职责。因此,岗位的设置和分布、职务的合理确定,是以明确的岗位职责和合理的分工为基础,以合适的任职条件为保证的,否则,无法体现合理设岗的原则,也无法说明岗位分布和岗位结构的合理性。无序、混乱的岗位分布，会造成因人设岗、多设岗的现象，不利于整体目标任务完成。

（2）关于设岗原则

专业技术职务岗位的设置，总的原则和指导思想是以事为中心，因事设岗，事职相符，由岗择人。一个单位或部门，如何合理地设置岗位，应遵循以下原则：

①岗位设置的数量应符合最低数量原则；

②所有岗位要求实现最有效的配合；

③每个岗位都要在企业组织中发挥最积极的作用；

④每个岗位与其他岗位的关系要协调；

⑤岗位设置经济化、科学化和系统化。

3. 岗位职责

为更好完成生产运营体系设计的工作，保障矿产资源管控体系的流畅、有效运行，要确定设计岗位的岗位职责。

（1）设计原则

①根据工作任务的需要确立工作岗位名称及其数量；

②根据岗位工种确定岗位职务范围；

③根据工种性质确定岗位使用的设备、工具、工作质量和效率；

④明确岗位环境和确定岗位任职资格；

⑤确定各个岗位之间的相互关系；

⑥根据岗位的性质明确实现岗位目标的责任。

（2）岗位职责说明书

岗位职责说明书是对企业岗位的任职条件、岗位目的、指挥关系、沟通关系、职责范围、负责程度和考核评价内容所做的定义性说明。

岗位职责说明书主要包括两个部分：一是职位描述，主要对职位的工作内容进行概括，包括职位设置的目的、基本职责、组织图、业绩标准、工作权限等内容；二是职位的任职资格要求，主要对任职人员的标准和规范进行概括，包括该职位的行为标准，胜任职位所需的知识、技能、能力、个性特征以及对人员的培训需求等内容。职位说明书的这两个部分并非简单的罗列，而是通过客观的内在逻辑形成一个完整的系统。

表 5-1　岗位职责设置常见用语

项　目	内　容
岗位名称	任职岗位的称谓，如地测部部长
所在部门	岗位工作关系的隶属部门，如勘查管理岗所在部门为地测部
直接上级	在业务上给予该岗位直接领导的上级岗位名称，如勘查管理岗的直接上级是地测部部长
岗位职责	该岗位 80% 以上工作时间从事的具体工作，包括承担的职责和每一职责相应的工作任务，着重强调必须承担的职责，一旦发生过失将受到惩罚或影响绩效评价
工作关系	该岗位为完成工作职责而与之发生关系的部门和岗位，包括内部协调关系和外部协调关系
岗位权限	职权范围
建议权	提出建议的权力
监督检查权	对工作过程进行有效的监督和检查
监控权	对工作过程和结果进行有效的监督和控制
考核评价权	对直接下级、周边人员和直接上级的评价权
审核权	对工作进行审查、核准的权力
审批权	对工作进行最终审查、批准的权力
决策权	对工作做出最终裁定的权力
任职资格	承担该岗位所需具备的理想教育水平(学历)、专业要求、工作经验、培训经历、知识、技能技巧和能力等因素。知识指的是与所从事工作职能及工作内容相关的知识；技能技巧指的是从事该工作所必需的一些技能和技巧；能力是指从事该工作所需具备的各种能力要求
工作条件	其中工作环境是指从事该项工作的办公环境；工作时间特征描述的是该项工作的时间特性，如是否加班，是否经常出差

(3)岗位职责说明书编制流程

①岗位分析

组织架构是岗位设定的基础，制定招聘职位说明书，需要根据组织架构，对岗位进行梳理和分析；新增岗位需要确定其在组织架构中的位置和岗位设定的目的。可以采用问卷调查、岗位总结分析、员工记录、直接面谈等方法，明确招聘岗位目标。

②岗位职责

岗位职责就是工作说明，即该岗位应该做什么、怎样做、需要达到什么样的工作标准。一般先由各部门负责人对岗位职责进行梳理后，填报在统一的模板中上报，再经过组织相关部门进行反复考虑和论证后，确定最终的岗位职责内容。

③工作权限

根据组织架构、工作分析和岗位职责，确定该岗位的所属部门、具体工作权限和管辖权限，直接负责的上下级关系和管辖人数等内容，确定岗位任职资格。具体内容含年龄工龄、资格证书、工作经验、技术技能、管理能力、学历学位、工作业绩等必备的入职条件。

④审批实施

初步框架确定后，人力资源部等部门就招聘进行细则讨论和补充，最后由人力资源部进行提炼总结后，填写进统一模板，报公司进行审批后实施。

⑤适时调整

随着公司的发展和情况变化，招聘规则使用过一段时间后，可能需要对一些内容进行调整。业务部门、人力资源部均可提出调整，调整按规定流程进行。

矿业企业在确定岗位编制时可以以保证部门的正常运行为目标，按照各管理层级人事管理规定，根据岗位职责说明书要求，定岗不定编，可以一岗多人管理，或一人多岗兼职管理，编制由各管理层级根据管理实际和需求自行设定。

5.2.2　权责体系

1. 权责体系建立注意事项

为了明确划分各企业、各部门、各岗位人员在全企业经营管理中的权责关系，加强协作，提高效率，需要制定企业矿产资源管理权责体系，在制定中需要注意以下问题：

（1）权责体系主要是为了明确划分各公司、各部门、各岗位人员在全企业经营管理中的权责关系，加强协作，提高效率。

（2）权责体系中未尽的事项，应参照部门职责、岗位职责描述执行，当权责体系与部门职责描述相抵触时，以部门职责为准。

（3）权责体系应根据公司战略、组织结构、岗位设置及管理流程的调整及时进行修订。

（4）权责体系中职能部门名称以调研过程中各单位提供的资料为主，可能会遇到同一层级分公司多、部门名称大同小异的情况发生，这里仅取一种典型名称

（如生产技术部和生产部）。

2. 权责体系关键词

权责体系关键词及说明见表5-2。

表5-2　权责体系常用关键词

关键词	说　明
发起	倡导、提出或发动、启动某项工作
组织	主导部门使相关部门共同完成某项工作或活动的行为
负责	是某项工作和任务的主要执行者并担负全部责任
参与	与其他主导部门共同完成工作或活动，负有一定的责任
制订	编制相关文件，需要经过必要审批程序
审核	强调对拟决策的议题或文件进行核实，有变更的可能
审查	对拟决策的议题或文件进行调查、检查，包含审核过程，有驳回的可能
审批	对拟决策的事项或文件进行审查批准，给出执行许可
评审	由主导部门组织相关部门对议题进行讨论或评价，做出决策的过程
监督	根据工作计划或制度对执行过程是否偏离工作目标进行检查和纠正
备案	保存相关工作的资料，知晓相应情况
汇总	资料的汇集整理

5.2.3　管理流程

矿产资源管控体系的管理流程优化和完善主要以业务活动有序开展为目标，对照调研情况及分析出的问题，梳理现有管理流程，补充缺失部分，对部门及个人职责、行动进行进一步的定义。从而对管理制度、部门权责在操作层面上进一步细化，通过细化部门职责，理顺流程之间的接口，消除流程瓶颈，打破部门、岗位之间合作壁垒，减少无效的管理活动，提高流程运行效率，降低管理成本。

矿产资源管理流程主要以分级管理组织为管理层级，对管理流程的适用范围、控制目标、关键控制点、主要流程步骤的说明、重要输入和输出、产生的文档、流程相关制度，以及各部门参与节点进行说明。

矿业企业在矿产资源管控体系建设中的常见流程见表 5-3。

表 5-3　矿产资源管控体系流程表

管理职能	管理流程
资源计划管理	资源战略规划管理流程 资源计划管理流程
矿业权管理	探矿权新立、变更、转让、注销业务管理流程 探矿权延续、保留、年检业务管理流程 采矿权新立、变更、转让、注销业务管理流程 采矿权延续、保留、年检业务管理流程
勘查管理	探矿权范围内勘查管理流程 采矿权范围内勘查管理流程
采掘管理	采掘管理流程
资源/储量管理	资源储量管理流程
闭坑管理	矿山闭坑管理流程 矿山环境恢复治理与土地复垦管理流程
资源安全管理	资源获取管理流程 资源储备管理流程 矿山建设管理流程 矿山生产管理流程
资源统计管理	资源统计管理流程

5.2.4　管理制度

管理制度是企业管理的工具，是对一定的管理机制、管理原则、管理方法以及管理机构设置的规范。它是实施一定的管理行为的依据，是社会再生产过程顺利进行的保证。合理的管理制度可以简化管理过程，提高管理效率。没有完善的管理制度，任何先进的方法和手段都不能充分发挥作用。为了保障管理系统的有效运转，企业必须建立一整套管理制度，作为管理工作的章程和准则，使管理规范化。

矿产资源管理制度建设主要依据国家政策法规及行业标准、企业发展战略要求，结合现有部门职责，充分考虑管理属性配置，将管理活动划归相应的层级，制定完善矿产资源管理制度、各类专项管理办法，通过制度的形式将组织架构、管理职责、业务流程等进行固化。

矿业企业一般需要建立的制度主要包括集团企业矿产资源管理制度和资源计划管理、勘查管理、矿业权管理、采掘管理、资源/储量管理、闭坑管理、资源安全管理和资源统计管理等8个管理办法。

其中矿产资源管理制度是矿业企业矿产资源管理总制度，是矿产资源管理纲领性文件。主要从企业矿产资源管理内容、管理组织架构、四个管理层级的管理职责、管理流程等方面对企业矿产资源管理进行规定。

其他管理办法主要围绕具体业务管理内容对管理范围、管理层级、管理职责、管理流程、业务要求进行细化规定。

5.2.5 考评体系

企业管理制度的执行，即是企业管理体系的实践。制度是文件，是命令，执行是落实，是实践；制度是执行的基础，执行是制度的实践，没有制度就没有执行；没有执行，制度也只是一纸空文。为进一步加强矿业企业矿产资源管理，健全完善的动态管理长效机制，使管理制度有效实施运行，企业需要建立矿产资源管理自上至下的考评体系，以提升全员对矿产资源管理工作的重视程度，提升企业矿产资源整体管控水平。

考评工作要坚持客观公正、突出重点、统筹兼顾、逐级检查和考核的原则。

一般性的考评工作由各级矿产资源管理部门统一安排实施，以自然年为一个考评周期。企业每季度末考评一次（四季度为年终综合考评），如有下属子公司时企业对权属矿业企业的考评采取抽查考评与综合考评相结合的方式。

考评指标包括制度建设与执行、现场检查、报表台账的建立更新及上报，以及资料存档、储量年报的编制和上报等，将考评指标纳入各层级考评体系进行考核。

矿业企业在矿产资源管控体系建设中常见的考评指标如下：

1. 资源计划管理

资源计划管理主要包括：①矿业产值，即到规划期末预计达到的最终工业产品总价值量、开采总量、矿山数量、新获探矿权/采矿权；②新增资源储量，指控制的、推断的和预测的资源储量，以提交地质报告审定稿数据为准；③钻探量，根据下达的年度钻探量完成情况进行考核；④矿山三率水平达标率，指区内实际开采回采率及综合利用率达到矿山开发利用方案设计要求的矿山数量占矿山总数的百分比，以及矿产资源综合利用率、治理恢复面积、土地复垦面积。

2. 矿业权管理

矿业权管理主要包括矿权合规性指标、矿权延续及时性指标、新矿权获取指标。

3. 勘查管理

勘查管理主要包括设计指标、年度计划任务下达指标、勘查进度指标、勘查质量指标、勘查经济性指标、勘查成果归档率、勘查成果利用率指标。

4. 采掘管理

采掘管理主要包括采区回采率、工作面回采率、三量可采期。

5. 资源/储量管理

资源/储量管理主要包括储量台账更新及时性指标、储量报表上报合规性指标、储量年报上报合规性指标、储量图件质量指标。

6. 闭坑管理

闭坑管理主要包括资料完整度指标、闭坑进度指标、矿山地质环境保护与治理恢复完成率指标。

7. 资源安全管理

资源安全管理主要包括资源安全预警报告质量指标、资源安全监测报告质量指标、灾害防治报告质量指标。

8. 资源统计管理

资源统计管理主要包括资源统计及时性指标、资源统计准确性指标。

第6章 矿产资源信息与指标管理体系

6.1 矿产资源信息与指标管理内涵

近年来我国矿产资源管理形势日益复杂，在矿业管理中需要努力建立"调查先行、规划调控、市场配置、权益保护、监管有力、绿色和谐"的矿产资源管理格局，最终实现资源集约利用，促进经济社会可持续发展。矿产资源信息与指标管理依托于矿产资源"宏观管理、基础管理、行业监管和社会管理服务"协调的管理体系，在"探、采(用)、批、储、查"五个关键环节以相关法律法规和行业制度等建立矿产资源信息与指标管理体系，用以全面反映矿产资源管理中资源计划、矿业权、勘查、采掘、储量、闭坑、资源安全、统计等方面的内容。

6.2 信息与指标管理体系分析

近年来，矿产资源信息化管理发展迅猛，数字国土工程、金土工程等信息化项目投入建设以来，在矿产资源管理业务方面先后投入运行了十多个系统，每个系统均有相关的数据标准、管理方式和运行机制，形成了覆盖全面、各司其职的应用模式以及相对独立的业务指标，在矿产资源管理中发挥了重要作用。但是，随着矿产资源管理要求的不断升级，信息化建设不断扩张，数据海量增加，各业务之间也存在衔接不够紧密、数据相互独立、运行松散、数出多门等问题。

6.2.1 矿产资源管理信息化的必要性

矿产资源管理信息化的必要性体现在以下三点：

（1）国家信息化和工业化"两化融合"的需要

国家鼓励企业将信息技术融入工业化过程，改造传统工业模式，使现代工业生产方式、产业结构、盈利模式和资源消耗更加符合集约化、可持续发展的管理要求。

（2）矿业行业发展的需要

矿业行业经过近几年的快速发展，一些企业在信息化管理方面有了大幅提升，特别是大型集团化矿业集团在信息化管理方面走在前列。但矿业作为传统行业，生产经营管理总体还比较粗放，信息化、自动化、智能化程度还很低，整个行业迫切需要顺应"两化融合"，走新型工业化之路，提升企业竞争力。

（3）企业矿产资源管控的需要

现有的矿产资源管理工作是基于"纸质人工实现"和"单一功能信息化软件实现"的简单组合，路径相对单一、分散且重复工作多，流程、规范标准不能统一，传统的管理方式难以应对企业对矿产资源大量动态信息的处理要求，难以挖掘企业信息之间的综合联动关系，容易形成业务闭塞的信息孤岛现象。因此，有必要通过信息化管理提升企业对矿产资源的综合管控能力。

6.2.2 矿产资源管理信息系统体系

资源管理信息系统是以系统思想和计算机为基础建立起来的，为矿山企业数据处理和辅助决策服务的信息系统。它是输入一些与管理有关的数据，经过计算机加工处理，输出供各级管理人员（或管理机构）使用的信息。它不仅能进行一般性的事务处理，代替管理人员的繁杂劳动，而且能为管理人员提供辅助决策方案，为决策科学化提供现代化技术和手段。资源管理信息系统由以下三个重要部分组成：

（1）管理系统，是信息的使用者，也是其他两个组成部分的基础。信息处理是为管理系统服务的，必须根据管理的需要，与管理职能相适应，同时，要受到管理科学的指导和管理技术的支持。

（2）信息处理系统，它负责对与企业内外有关的正确有用资料的收集和存贮，并进行整理、判断、分析、比较、组织等综合加工处理，使之成为适应某种特定目的所需的信息。它不仅是单纯的数据处理，为各管理部门提供有关报表，而且尽可能运用现代数学方法、统计方法、模拟方法等，根据特定的目的，设计和输入有关的模型，输出各种辅助决策信息。

(3)传输系统，借助通信线路构成网络，把信息及时、可靠地传输到企业有关的管理部门。随着计算机科学中的数据处理技术、数据库技术以及计算机网络技术的发展，为资源管理信息系统中的数据处理、数据管理以及信息的传输和资源的共享提供了技术基础，因此，完整的资源管理信息系统，是带有数据库和计算机通信网络的联机系统。近年来，随着资源模型库、技术方法库、专家知识库的发展，管理信息系统(MIS)正朝着决策支持系统(DSS)方向发展。

资源管理信息系统的必要条件包括以下几点：

(1)企业必须要有一定的科学管理基础。资源管理信息系统是在科学管理的基础上发展起来的，只有在合理的管理体制、完善的规章制度、稳定的生产秩序、一整套科学的管理方法和完整、准确的原始数据基础上，才有可能成功。具体来说，必须逐步做到管理工作程序化、管理业务标准化、数据完整代码化、报表文件统一化。

(2)配备专门人才和培训有关人员。这里所指的专门人才是指具备资源管理信息系统开发、设计、运行和维护知识的人才。一般应有系统分析师、系统设计师、程序设计师、维护人员(包括计算机硬件和软件人员、操作人员，项目管理人员等)。必须对他们进行培训，使之能独立工作。实践证明，从具有企业管理实践经验的专业管理人员中培养系统分析师和系统设计师，培养效果更好。其次，必须做好用户培训，主要是对企业管理人员进行正确有效地使用系统及现代化管理知识的培训，以便系统开发后能发挥效用。

(3)必须做好系统规划和设计。因为资源管理信息系统开发是一个影响全局的问题，它与企业内各个部门和人员都密切相关，且系统开发周期长，耗资大，必须有步骤地分期分批地实现。所以，必须进行总体规划与设计，制定各个阶段的任务以及主、子系统分析和设计的统一规范和标准，以保证整个系统日后协调的运行，逐步达到系统的总目标，避免人力、物力和资金的浪费。这是保证系统能尽快开发成功、获得高效益的重要条件。

(4)领导重视和亲自参加规划是资源管理信息系统开发的重要保证条件。资源管理信息系统的开发，能促使管理方法向定性分析与定量分析相结合的方向发展。由于对信息解释的工作增加了，要求管理人员采用新的工作方法并具有新的专业知识，增强综合决策能力。

1.信息系统总体结构

资源管理信息系统的总体结构是指各组成单元以及各职能子系统之间相互关系的总和，根据资源管理信息系统所提供的信息资源，可分为四个层次：最底层是客户端及小型数据库，从事基本事务处理及状态查询，以实现事务处理与控制；第二层是提供辅助日常作业管理控制用的信息，一般采用分布式数据库，并利用局域网作为通信手段，把基本事务处理系统的客户端联系起来；第三层是管理控制层，是为了提供辅助管理的战术计划和决策用的信息资源的决策模型；最高层是战略计划层，向高级管理人员提供战略决策所需的信息。它必须具有决策模型及支持决策功能。开发时必须从最底层往上层逐步开发，各层自上向下兼容。

根据管理对象的不同，资源管理信息系统可分为若干职能子系统，如销售管理、财务管理、资源管理系统等，每个子系统独立完成某些管理职能。但子系统的划分与职能机构的划分不相同，它主要根据综合数据进行划分，不仅保证每个子系统数据和功能有较大的独立性，而且使整个系统信息纵横畅通，以系统最优为原则，同时考虑实用性、扩充性和维护性。每个子系统有专用的程序和数据库，各子系统共享公用的应用软件、模型库和数据库。数据库管理系统控制公用数据库中的所有公用文件，也可以根据具体的应用情况用于专用数据库的管理。

2.信息系统功能需求

信息系统功能需求包括以下几点：

（1）应用系统需求，根据矿产资源业务流程分析，应用系统必须能够对矿产资源管理业务提供支撑。

（2）网络系统需求，依托企业网络基础环境，提供安全可靠的网络通道，实现信息采集和发布，保证指挥中心与相关部门的信息交换。

（3）数据处理与存储系统需求，建设技术先进、安全可靠的数据处理与存储系统，负责信息数据的处理与存储，为系统提供稳定的运行环境，满足长时间、大用户量的并发访问以及可靠性、可用性、数据安全性和可管理性等各方面的要求。

（4）基础环境需求，建设指挥功能区域，提供必要的工作场所，为系统的稳定运行提供良好的外部条件。

3. 信息量指标

信息量分析预测的主要内容包括数据量、处理量和网络流量。

数据量：信息系统处理的数据，主要包括各类业务数据等。各类业务数据通过平台建设的存储设备进行集中存储。

处理量：信息系统建设采用处理性能较高的服务器，以满足矿产资源管理应用系统的处理需求。

网络流量：信息系统外网网络带宽需求主要来自视频会议、业务系统访问等方面，内网网络带宽需求主要来自公文、邮件、数据传输等方面，内、外网网络接入带宽需要满足上述使用需求，如果不能满足就需要对接入带宽进行扩容。

4. 系统性能指标

系统性能指标包括可用性、稳定性、易用性、可维护性、可扩展性。

可用性：信息系统平台平均年故障时间应控制在 8 小时以内，即可用性达到99.9%，操作平均响应时间不超过 5 秒。

稳定性：系统应提供运行监视和故障恢复机制，建立系统运行日志文件，能跟踪系统的所有操作。

易用性：系统用户界面友好，提供多种快捷方式，减少用户机械操作。

可维护性：系统中多个功能平台提供可视化的管理界面，允许部分用户进行设置。

可扩展性：系统在设计过程中充分考虑可扩充性，能根据技术发展和业务需求的增加不断升级扩展。

5. 系统数据处理方式

随着计算机系统应用领域的扩大，数据处理方式日趋多样化，目前一般分为下列四种处理方式。

成批处理：是经过一定时间间隔集中处理一批数据。如单项管理，其目的是高效率地应用计算机资源，获得尽可能多的信息。

远程批处理：是把数据与处理作业从分散的远程终端通过通信线路输入到计

算机，经批处理后，再把处理结果送回远程终端。

分时处理：是多个用户同时访问一台中央处理机，系统中央处理划分若干时间片，轮流分配给各个终端用户，进项业务处理，这种方式又称会话型处理。一般适用于终端数目较少，主机与终端距离较近的情况。

实时处理：是用户通过终端向系统提出服务请求，系统立即响应并回送处理结果，其特点是处理的即时性，常用于生产管理、资源分配的控制、库存管理、情报检索等。

6.2.3　矿产资源管理业务指标体系

1. 业务组成

矿产资源信息化管理平台涵盖的矿产资源管理业务有资源计划、矿权运作、资源勘查、采掘协同、储量集成、闭坑运作、资源安全、资源统计八个方面。

资源计划：是指对企业已制定的矿产资源战略/规划，进行年度计划制定、分解下达、统计、考核的业务活动。

矿业运作：是指对矿业权申办、延续、年检、保留、变更、转让和注销等事项的业务活动。

资源勘查：是指对探矿权和采矿权区内勘查项目立项、设计、实施、竣工验收、编制报告和成果资料备案汇交的业务活动。

采掘协同：是对各类矿产资源开发利用过程中进行经济开采的业务活动。

储量集成：是对各类矿产资源进行测定和统计的业务活动。

闭坑运作：是对采矿权范围内矿山开采结束后或因意外原因或国家政策而终止开采，按照国家有关规定对矿山关闭进行的业务活动。

资源安全：是对各类矿产资源在获取、储备和开发过程中的隐蔽致灾因素进行预先发现、消除或控制因资源特性导致的安全隐患的业务活动。

资源统计：是对各类矿产资源在年度生产过程中的计划执行情况进行统计、分析的业务活动。

2. 业务关系

矿产资源管理业务相互关联、相互制约，如图 6-1 所示。以矿产资源计划管理为龙头，实施矿产资源宏观管控和勘查开发的布局优化。以矿产资源储量管理为核心，集中体现矿产资源采掘及消耗状况。以矿业权管理为主线，以矿产资源勘查、采掘、闭坑、资源安全、统计管理为辅助，维护资源开发秩序、实现矿产资源高效利用。

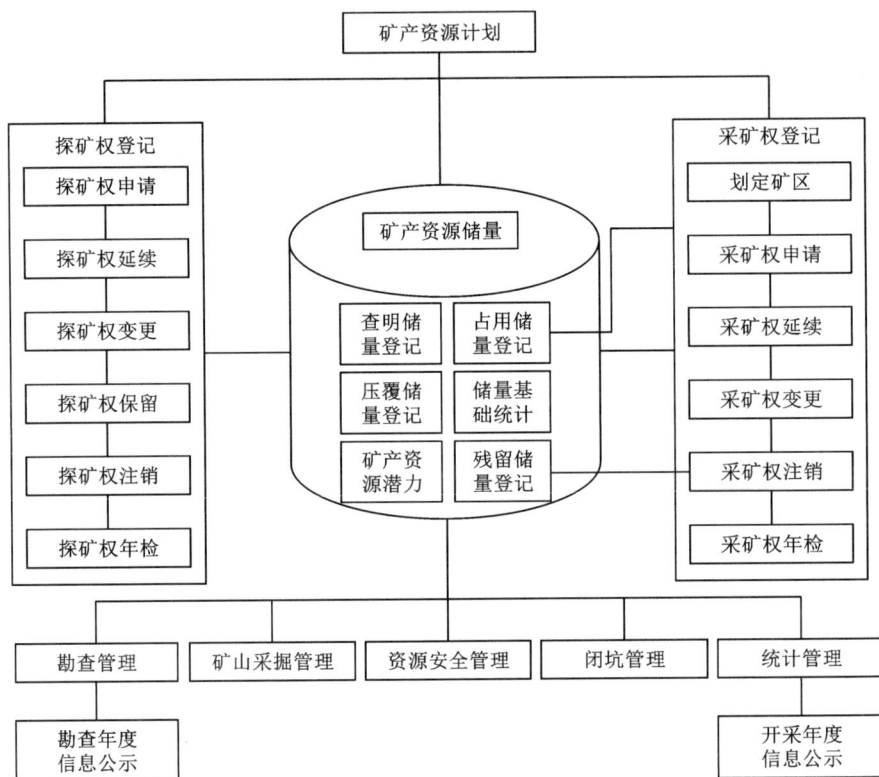

图 6-1　矿产资源管理业务关系图

3.业务指标组成

在矿产资源管理过程中，各业务管理部门提出管理要求，系统建设开发部门设计业务指标，作为信息化建设的基础，常用矿产资源信息与指标管理分类见表 6-1。

表 6-1　常用矿产资源信息与指标管理分类

一级分类	二级分类	三级分类
资源计划管理	政策及市场研究、编制资源战略规划、分解目标任务、年度目标任务、战略控制与调整、编制年度资源计划、平衡汇总计划、计划实施	开采总量、勘查程度及勘探量、新获矿业权数量、新增资源量、资源综合利用率、矿山地质环境保护与治理恢复、治理恢复面积、土地复垦面积
矿业权管理	矿权申请、矿权延续、矿权变更、探矿权保留、矿权注销、探（采）矿权年检	探矿权数量、采矿权数量
勘查管理	勘查计划、勘察设计、勘查实施、竣工验收、编制报告	进度指标、质量指标、工作量指标、勘查成本指标、施工进度指标、施工质量指标、完成率
采掘管理	采掘方案、采掘监测、损失动态控制、三量控制模型、三量动态平衡	采出量及回采率、损失量、动用量、开拓量、掘进量、上期储量、期末开拓矿量、采准矿量、备采矿量的数量和可采期、掘进工程量
储量管理	资源量估算、矿产资源储量动态管理、矿产资源储量台账/报表编制、矿产资源储量年报、矿产资源储量报销	矿床工业指标、估算范围、估算参数、体重、保有量、开拓量、采准量、备采量、损失量、回采率、累计查明资源、保有查明资源、当年动用资源储量、当年勘查增减及重新计算增减的资源储量、计划动用的资源储量
闭坑管理	闭坑申请、编制闭坑报告、编制关闭矿山报告、采矿权注销、编制环境恢复治理与土地复垦方案、环境恢复治理与土地复垦实施	闭坑矿山数量、环境恢复治理与土地复垦率、环境恢复治理与土地复垦费
资源安全管理	资源安全因素、编制资源安全预警报告	采空区相关资料台账、井田内废弃老窑（井筒）、封闭不良钻孔台账
统计管理	资源管理数据收集、数据梳理统计、数据对比分析、数据上报、资料备案归档	矿产资源状况、开发利用状况

6.3 信息与指标管理体系建设内容

6.3.1 系统架构

矿产资源信息系统建设突出信息系统支撑和服务企业业务发展战略目标,整体规划、统一设计、突出重点、分步实施。遵循国家、行业和企业的相关设计规范和标准,采用先进成熟的技术和管理思想进行系统总体架构设计,其总体架构如图 6-2 所示。

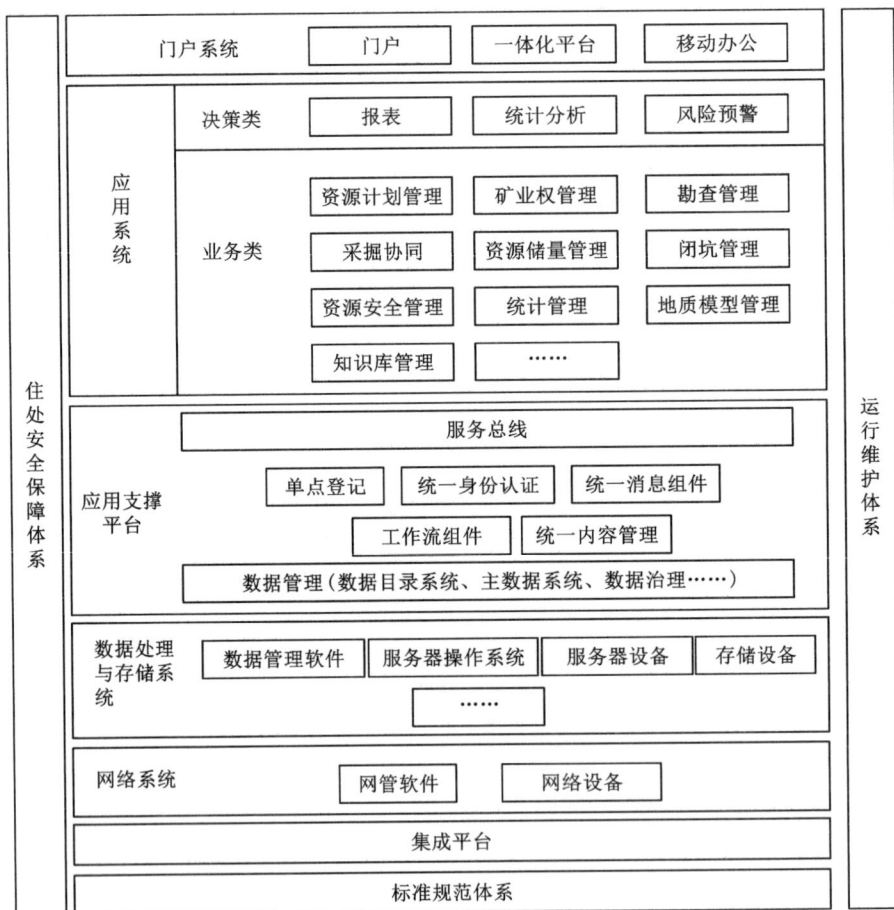

图 6-2 系统总体架构图

1. 门户系统

门户系统对外为企业和社会公众提供信息服务；对内为工作人员提供进入业务系统的统一入口。

2. 应用系统

应用系统分别对展示层、应用管理层与服务支撑层进行设计和描述。

3. 应用支撑平台

应用支撑平台实现了各种内外部系统的互联互通，为应用系统提供基础服务和支撑。

4. 基础设施集成(数据处理与存储系统、网络系统)

基础设施集成平台位于整个系统最基础的位置，为系统提供网络传输、计算能力、存储空间、软件应用等基本服务。

5. 标准规范体系

标准规范体系遵循国家、行业和企业的相关设计规范和标准，保证系统的顺利实施和稳定运行。

6. 安全保障体系

安全保障体系是从物理层到应用层的整体安全防御体系，保障系统稳定、可靠、安全地运行。

7. 运行维护体系

运行维护体系实现对网络、服务器等设备运行状态的监控。

6.3.2　标准规范建设

1. 采用业界标准的技术规范

SOA 应用体系结构：系统不同功能单元(称为服务)通过这些服务之间定义

良好的接口和契约联系起来(接口是采用中立的方式进行定义的,独立于实现服务的硬件平台、操作系统和编程语言);

XML 数据交换标准协议:系统支持标准化的 XML 流程语言,可以通过 XML 语言与其他系统进行数据交互;

Web Services:将逻辑服务接口调用层和逻辑服务实现层完全分离,实现服务接口传输和调用的标准化;

SQL Server 数据库接口:系统调用统一的 SQL Server 数据库接口,与数据库进行数据交互;

LDAP 协议:系统支持跨平台数据交互;

2. 数据规范

为了使数据能在不同的组织或用户间更好地进行数据交换,必须制定统一的数据交换格式标准,能保证数据交换的有效性,实现"互联互通、资源共享"的要求。

数据交换格式标准具体内容包括:数据交换代码格式规范、服务请求标准、服务请求应答格式规范、会话协议标准。

3. 文档交换格式标准

公文在计算机系统中以一定的电子文档形式进行表述,公文的电子表述格式的好坏直接关系到电子文档类数据的共享,以及系统在未来的使用寿命和可扩展性。应参照国家的电子公文交换格式标准进行设计。

文档交换格式标准具体内容包括 XML 业务表示规范、电子公文交换处理规范、电子公文存档管理规范、电子公文处理流程规范、矿产资源业务生成的通用技术要求。

4. 信息分类编码标准

信息分类就是根据信息内容的属性或特征,将信息按一定的原则和方法进行区分和归类,并建立起一定的分类系统和排列顺序,以便管理和使用信息。信息编码就是在信息分类的基础上,将信息对象(编码对象)赋予有一定规律性的、易于计算机和人识别与处理的符号。应遵照国际标准—国家标准—行业标准—企业标准的序列,建立全行业信息系统所使用的信息分类编码标准。

在信息分类编码标准的建设过程中，可以参照以下标准：《中华人民共和国行政区划代码》(GB/T2260)、《国民经济行业分类和代码》(GB/T4754)、《职业分类与代码》(GB/T6565)、《信息分类编码的基本原则与方法》(GB/T7027)、《全国工农业产品（商品、物资）分类与代码》(GB/T7635)、《公民身份号码》(GB11643)、《全国组织机构代码编制规则》(GB/Tl1714)、《信息技术数据元的规范与标准化》[GB/T18391(系列标准)]。

6.3.3　系统功能

1.基础功能

(1)信息查询：系统提供全面、多方位、灵活的查询功能，用户可以及时方便地了解到本人权限范围内的信息。

查询功能的全面性体现在业务办理的各个工作阶段，包括申报查询、审查审批查询、履行查询、授权查询以及其他类型的查询统计(包括基础查询、图形报表、Excel 报表等)；查询功能的多方位性体现在业务办理查询的不同阶段，系统根据业务审批办理各阶段的不同特点，给出不同的查询条件，保证各类用户从各个角度都可以得到自己需要的业务办理信息；查询功能的灵活性体现在查询条件及查询结果的个性化自定义功能，在基础查询中，查询条件可以由各单位的系统管理员根据本单位使用情况进行初始化设定，并可在使用中随时调整，用户在使用查询功能时，可以对查询结果需要显示的内容进行设定，并可以将查询结果导出。

(2)报表服务：在矿产资源管理系统的各模块中，都会涉及业务数据的一些查询、统计、报表输出独立的功能，这类功能和系统的特点是与业务操作无关，主要是根据查询要求和报表样式来设计功能。

以统一的方式解决各应用中数据的综合查询和报表输出的问题，提高开发效率，降低维护成本。由统计数据库提供各类报表所需的综合数据和指标数据，灵活定义报表格式，生成各种样式的报表。报表以 HTML 格式发布到指定的门户上提供给用户，也可以导出为 excel 表格或 PDF 文件等多种格式。

(3)工作流管理：矿产资源管理系统的流程分为两种情况：第一种为业务办理全过程的工作交接，比如从业务申报到业务审批阶段的工作交接或者从业务审批到业务履行等阶段的工作交接。这种工作交接是由当前工作人员自主选择下一步的操作人员,并将工作交接给这个工作人员进行处理,系统可以预先定义好当前工作交接点有哪些人员(角色)可以参与工作交接。第二种为每个业务办理本身的审查审批以及业务履行的审查审批,每个企业的业务流程是固定的,针对不同的流程,通过规则定义来决定流程的流转。每个企业流程包括业务审查审批流程、规则权限上报、业务履行(变更、中止、转让、解除、终止)、授权委托、相对人审批等流程,对于企业超权限的业务的审查审批流程,需要针对每个流程制定上报流程。每个业务被审批分发到部门之后,部门内部的分发审批子流程,由部门自己设置。

(4)个人工作台:个人工作台模块的用户是系统所有人员,个人工作台为用户提供了一个展现用户工作流程的工作区,通过个人工作台,用户可以发起业务流程、处理待办任务、跟踪已办任务、查询历史记录,个人工作台将与用户相关的活动主动推送给用户,而不需要用户去系统中查找所关心的活动,这种方式有效地提高了用户处理工作的效率,减少了流程中各个环节的响应时间。其中消息服务还提供一组服务,即将这些消息发布出去。功能模块主要包括:①公告通知,用户通过本功能查看管理员在本系统发布的通知公告信息,包括本单位管理员和上级单位管理员发布的通知公告;②个人信息,包括用户密码修改和资料修改两部分;③密码修改,用户自行修改登录密码,符合内控要求;④资料修改,用户修改自己的详细资料,包括姓名、联系电话、出生年月、Email 等信息;⑤待办事宜,以工作找人的方式,自动将当前登录用户的所有待办工作显示在待办事宜中,用户登录系统后,所要办理的工作一目了然,并且可以直接点击办理;⑥已办工作,以倒排序的方式显示当前用户办理的所有工作,并提供根据业务关键字段快速检索功能,通过已办工作可以追踪工作的当前状态,以及工作流转的轨迹;⑦委托代办,用户在出差或者由于其他原因不能处理业务时,可以将当前用户的工作委托他人办理,可以设置委托时间,包括开始时间和结束时间,设置成功之后,系统在委托时间段内将该用户所要办理的工作同时发送给委托人和被委托人,被委托人办理后,委托人的待办工作消失,委托人也可以提前终止委托。

(5)系统管理:系统管理实现整个矿产资源管理系统后台数据的管理及配置,授权系统管理员操作使用,主要功能包括:①组织机构管理,可以增、删、改企业及部门,实现组织机构的动态维护;②用户管理,系统中用户的初始化工作由系统管理员共同建立和维护,不同管理层间设立相应的系统管理员负责本部门用户的维护管理;③权限管理,即人员及授权管理,包括角色管理、用户组管理、用户

管理、用户范围授权。

2. 业务功能

（1）资源计划：实现对矿业权、勘查、采掘、资源/储量、闭坑、资源安全各项计划的信息化管理，确保矿山企业矿产资源年度管理目标任务的实现。

系统业务功能主要包含资源计划管理功能模块。具体业务功能为下达年度资源计划编制通知、编制年度资源计划、计划审查上报、计划审批、下达并部署计划、计划实施。

（2）矿权运作：以矿业权管理为基础，通过矿业权信息录入、统计和矿业权办理全流程信息化设计，实现权证统计、查询、到期预警、业务在线办理的功能。

系统业务功能主要包含探矿权管理、采矿权管理两个主要功能模块。探矿权管理主要包括探矿权信息录入、统计、查询、业务办理审批、年检、到期预警。采矿权管理主要包括采矿权信息录入、统计、查询、业务办理审批、年检、到期预警。

（3）资源勘查：以勘查业务管理为基础，通过勘查项目立项全流程信息化设计及勘查项目全周期内的信息录入、统计，实现勘查项目资料的统计、查询、勘查单位管理、勘查项目立项业务在线办理的功能。

系统业务功能主要包含勘查项目管理、勘查信息管理、勘查单位管理三个功能模块。勘查项目管理包括项目立项管理、项目招投标管理、勘察设计管理、勘查施工管理、野外验收管理、勘查成果管理六个子功能。勘查信息管理模块主要是在勘查成果备案汇交以后，项目单位依据表格要求和最终勘查成果填报项目信息，方便管理层掌握项目总体情况。勘查单位管理主要是收集勘查单位的名单，使用这个功能可以查看合作勘查单位的基本情况、资质情况、历史业绩、联系方式等信息，方便管理人员在招投标工作中对勘查单位进行管理。

（4）采掘协同：以采掘日常管理为基础，主要通过采掘数据录入、审查、上报、汇总，实现采掘数据的统计对比、资料查询等在线办理的功能，从而达到对采掘过程动态跟踪管理的目的。

系统业务功能主要包含损失控制和三量控制两个功能模型。损失控制主要包括回采数据录入、内部审查、上报、汇总、查询等子功能。三量控制主要包括采掘工程数据录入、内部审查、上报、汇总、查询等子功能。

（5）储量集成：通过信息化手段实现储量管理台账、报表、年报在矿产资源管理各层级内的填报、审核、流转和资源数据共享、备案。

系统业务功能为更新储量台账、报表，编制储量年报，并按所在地政府管理部门要求和集团公司管理制度报送相关报表。主要包含台账管理、报表管理、年报管理三个功能模块。台账管理是在信息化平台下完成生产矿山(井)储量台账的日常填报、审核管理工作，主要包括台账录(导)入、审核、查询、下载功能。报表管理是在信息化平台下完成生产矿山(井)储量报表的填报、审核、流转、共享和备案，主要包括报表录(导)入、审核、上报、自动统计汇总、查询、下载功能。年报管理主要包括储量年报上传、审核、上报、查询、下载功能。

(6)闭坑运作：以矿山闭坑业务管理为基础，通过闭坑信息录入、统计和矿山闭坑办理全流程信息化设计，实现闭坑信息统计、查询、业务在线办理的功能，以及对矿山闭坑全过程的动态跟踪管理，按照国家有关规定，顺利完成矿山闭坑的相关工作并通过政府相关部门组织的验收。

系统业务功能主要包含闭坑业务管理、矿山环境恢复治理与土地复垦管理两个主要功能模块。闭坑业务管理主要包括闭坑信息录入、统计、查询、业务办理及审批。矿山环境恢复治理与土地复垦管理主要为信息查询、业务办理。

(7)资源安全：以资源安全管理为基础，利用信息化管理平台，实现资源安全信息采集、业务在线办理的功能，以及对资源安全过程的动态跟踪管理。

系统业务功能主要为资源安全预报管理一个功能模块，实现对矿山单位资源安全预警工作审核及备案的管理。

(8)资源统计：以矿产资源管理的六项业务录入信息为基础，通过平台自动运算处理，实现六项业务数据统计、数据对比分析、数据展示的功能。

系统业务功能主要包含数据统计、数据对比分析、数据展示三个主要功能模块。数据统计主要以矿产资源管理业务为基础，在业务模块中实现统计功能。数据对比分析通过数据同比、环比与计划指标定基比等方式，对数据进行对比分析和展示。数据展示在门户首页以表格、饼图、柱状图、条形图、折线图、组合图等形式对业务中的数据进行展示。

(9)资源模型：三维可视化资源模型成果上传至信息化平台，实现对地质、采矿、测量等数字化资源模型成果的共享和浏览。

系统业务功能主要包含三维可视化地质模型浏览模块。按照地表模型、地层模型、矿体模型、井巷工程模型、采矿设计模型、采空区模型等不同属性进行细分类别。在三维浏览窗口显示，实现三维旋转、缩放、移动、显示与隐藏、创建剖面等基本三维操作。

（10）知识库管理：对涉及矿产资源的政策法规、标准规范、制度办法、地质资料进行数字化存储和在线查阅。

系统业务功能主要包含政策法规、标准规范、制度办法、地质资料四个知识领域，包含知识采集、知识处理、知识存储、知识发布四个模块。知识采集是对知识的收集管理。知识处理是对已收集到的知识进行数字化、标准化处理，对知识进行分析、加工、提炼、重组。知识存储是将所有经过重组的知识按照既定的数据架构进行组织，并导入到矿产资源知识库中进行有序存储。知识发布是通过矿产资源信息管理平台发布矿产资源知识。

6.3.4　信息资源和数据库规划

1. 信息资源规划

信息资源规划（IRP）是指对企事业单位或政府部门信息采集、处理、传输和使用的全面规划。其核心是运用先进的信息工程和数据管理理论及方法，通过总体数据规划做好数据管理和资源管理的基础，促进集成化的应用开发，是信息化建设的基础工程和先导工程。

信息资源规划的目的是规范数据管理、规划信息资源，使信息系统特别是大型复杂的信息系统发挥应有和更大的效益。信息资源规划工作的意义具体如下：

（1）帮助理清并规范表达用户需求，落实"应用主导"。贯彻信息化建设"应用主导"方针的前提是要摸准用户需求，只有建立完善的信息资源规划，才能通过分析和建模真正反映用户需求。

（2）整合信息资源，消除"信息孤岛"，实现应用系统集成。"信息孤岛"产生的技术原因是缺乏信息资源管理基础标准。信息资源规划过程就是建立数据标准的过程，为整合信息资源，实现应用系统集成奠定基础。

（3）指导应用软件的选型并保证成功实施。进行信息资源规划工作需要以系统工程的思想方法为指导，综合运用多种信息技术，尤其是学会运用信息组织技术。规划中的实体分析和主题数据库的建立必须以数据管理标准的建立与实施为基础，否则，规划的成果无法在集成化的系统开发中落实。

2. 数据库规划

信息资源的内容主要以数据库的形式进行体现。在数据库建设的过程中，需要对数据库内容进行合理的规划界定。对数据库进行统一规划,数据库的设计、命名、管理等开发规范和约束遵循相关的标准和规范。在此基础之上,伴随着对系统需求的深入分析和应用系统设计的深化逐步展开,后续工作中还将依据逻辑设计和物理设计的相关规范对数据库设计进行细化。

数据库逻辑包括两大步骤:①创建并检查 ER 模型。ER 模型建立的具体过程包括标识实体、标识关系、标识实体和关系的属性、确定属性域、确定候选键、主键和备用键、特化/泛化实体、检查模型的数据冗余、检查模型是否支持用户事务。②将 ER 模型映射为表。具体步骤包括创建表、用规范化方法检查表结构、检查表是否支持用户事务、检查业务规则等。

数据库逻辑的确定必须确保数据一致性和完整性,需要对数据库的关系模式进行规范化处理。规范化关系模式需要遵循一定的数据库设计范式。数据库范式包括第一范式(1NF)、第二范式(2NF)、第三范式(3NF)、BCNF,以及第四范式和第五范式。常用的范式为前三种。

在数据库逻辑确定之后,需要对涉及多个应用系统的多个数据库进行物理设计,其内容和实施步骤包括:①确定各个应用系统的数据量;②确定各个系统对应的表空间及数据文件,根据第①步估算的大小,建立各自的表空间,根据物理设计原则为表、索引等分别建立各自的表空间;③为各个应用系统建立相应帐户,这些账户成为将来该系统的所有者和数据库模式,建立帐户时,要按要求指定相应的缺省表空间和临时表空间等;④为每个应用系统在相应的模式内分别建立各类对象,这些对象首先包括表、索引、同义词等,以后陆续完成视图、过程、触发器的建立;⑤规划开发人员,使用人员角色,整个数据库系统采用统一的管理和部署方式,做到开发与管理和部署分离,根据不同人员的角色进行权限划分;⑥开发阶段测试,每一个应用系统的每一个模块应按照系统规划中的测试要求进行测试,只有测试完成后,方可进行部署;⑦应用部署和数据加载,测试通过后,根据测试结果提出部署要求,经过系统管理人员认可和完成准备工作后实现应用的部署和数据的加载。

6.3.5 应用支撑系统

应用支撑系统通过定制开发和购买成熟的中间产品,进行相应的配置或二次开发,对业务应用系统建设提供统一的基础支撑和管理环境,以降低应用系统建设的复杂度,提高可靠度。基于应用支撑平台开发相应的公共组件和应用组建,通过灵活的组件布局，满足业务系统的开发建设需求。

应用支撑系统由基础组件层与核心服务层构成，如图 6-3 所示，基础组件层由各类系统软件组成，包含应用中间件、GIS 软件、ETL 工具、消息中间件、目录管理软件、全文检索软件、门户中间件等系统软件。应用支撑系统的基础组件层为核心服务层提供特定基础功能，进行二次开发，满足应用系统需求。核心服务层通过对基础组件层的系统软件进行相应的配置、定制开发，按照应用系统的需求提供服务。应用支撑系统的核心服务层主要包括数据交换服务、GIS 服务、报表服务、目录和权限服务等。

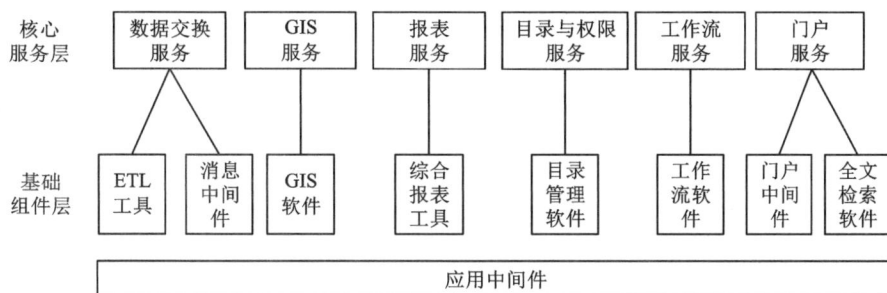

图 6-3　应用支撑系统构成图

6.3.6　网络系统

1.物理架构

矿产资源管理系统采用集中部署的方式，将应用软件部署在集团统一服务器上，客户不用安装任何软件，远程登录应用，就可以直接进入系统进行应用。分支机构及子公司用户通过 Internet 连接到集团服务器上进行操作。所有数据统一在集团集中服务器上保存，实现数据的统一管理存储。

2.物理部署

结合实施范围、复杂程度、现有的技术架构，矿产资源管理系统通常采用开发/测试系统、生产系统的两系统架构。

开发/测试系统在项目实施期间作为项目开发、测试和培训环境，上线后作为运维支持环境；通过中间件测试系统与各业务测试系统，包括 OA、ERP 等系统与测试系统的连接，进行系统间数据的交互测试；

生产系统作为企业矿产资源管理系统的正式运行环境，通过中间系统、生产系统与各业务生产系统实现集成。

考虑到信息系统未来异地灾备及虚拟化的建设，矿产资源管理系统也需要支持跨网络及虚拟化的部署需求，可以实现虚拟化环境的快速移植切换。

3.服务器

服务器设计采用双机热备份和并行数据库的方式。当生产机出现故障时，热备份服务器接管生产机所连接的外置磁盘卷组，并启动数据库，继续处理整个业务流程。并且其他的服务器立即自动接管服务器的全部负载，应用系统可以不间断地正常运行，保证数据的绝对安全可靠；矿产资源管理系统中外网应用服务器和内网应用服务器通过负载均衡交换机实现业务的均衡访问，提高了服务器的工作效率，同时避免了单台服务器出现故障造成业务中断的可能。

6.3.7 安全系统

1.安全体系总体架构

安全体系分为安全管理和安全技术两个部分。安全管理部分包括安全组织、安全策略和安全运维；安全技术部分包括：物理安全、网络安全、系统安全、数据安全、应用安全等。

2.安全技术体系

安全技术体系包括物理安全、网络安全、系统安全、数据安全和应用安全。

物理安全主要是设置安全防盗报警装置和监视系统，采用电源保护、防线路截获、防辐射泄漏、防雷电击、利用噪声干扰等措施来保护设备的物理安全和媒体安全，同时通过板卡、设备冗余，保障设备自身的安全性。

网络安全主要通过访问控制、操作系统安全、防火墙系统、网络层数据加密、安全响应和处理等技术实现。保护对象和保护层次由外而内包括网络自身防护、网络内部防护、网络边界防护，可以多方面提高网络自身的安全防护能力，实现安全性和可知性。

系统安全包括主机防护和终端防护两部分。主机防护加强核心主机安全性能，保障业务连续性、保障服务形象，加强主机防病毒能力。终端防护通常包括终端防病毒、补丁管理、域管理、终端接入控制等，通过这些系统，加强对终端的规范化管理。

数据库安全包括数据库权限控制、数据库加密、数据库日志、数据一致性维护、数据库审计、数据传输安全、数据备份与恢复等基本的防护与预防措施。在系统数据可能出现问题的情况下，可以做到全方位的预防与降低损失。

应用安全针对应用程序或工具在使用过程中可能出现的计算、传输数据的泄露和失窃问题，通过其他安全工具或策略来消除隐患，保障应用程序使用过程和结果的安全。

3. 安全管理策略

安全管理政策的制定与正确实施对信息系统安全管理起着非常重要的作用，将具体的操作规程制度化，可以有效地避免人为操作失误所带来的安全损失。主要通过以下三个方面来进行管理与监督。

（1）建立信息安全制度：制定信息安全工作的总体方针策略、各种安全管理活动的管理制度以及日常操作行为的操作规程，构成"金字塔"式的安全管理制度体系；

（2）信息安全制度的制定和发布：严格按照制度制定的有关程序和方法，经过起草、论证、审定，最终发布相关制度，保证制度的正式性、科学性、适用性和权威性；

（3）信息安全制度的评审与修订：安全管理制度体系制定并实施后，根据使用反馈，需对反馈的内容进行分析判断，定期对相关安全制度进行评审和修订，尤其当发生重大安全事故、出现新的漏洞以及技术基础结构发生变更时，需要对部分制度进行及时评审修订，以适应实际环境和情况的变化。

6.3.8　备份系统

建设同城数据备份或远程灾难备份中心，对矿产资源信息化管理平台的全部数据提供冗余备份。数据集中是大规模数据管理的发展趋势，同时也带来了风险的集中，数据集中使原本分散在各系统内的数据集中存储在一个大型磁盘存储系统中，一旦发生硬件故障、人为损坏或火灾水灾等天灾人祸，可能造成大量的数据丢失。因此，必须建设容灾备份系统，提供最大可能的数据安全和业务连续性。

数据存储在数据中心存储磁盘阵列中，在异地备份数据中心配置相同结构的存储磁盘阵列和一台或多台备份服务器，通过专用软件可实现数据中心存储数据与备份数据中心数据的自动备份。备份策略设计为每天做一次增量备份。通过统计备份数据量、采用合理的通信技术并租用相应的通信带宽，可以使数据丢失量控制在秒级；异步远程镜像(异步复制技术)保证在更新远程存储视图前完成向本地存储系统的基本 I/O 操作，而由本地存储系统提供给请求镜像主机的 I/O 操作完成确认信息。远程的数据复制是以后台同步的方式进行的，这样使本地系统性能受到的影响很小。

6.3.9 运行维护系统

为确保矿产资源信息管理平台在可靠、高效、稳定的环境中运行，在出现故障时，能够快速定位并解决，提高业务效率和质量，保证目标系统 7 天×24 小时正常工作，需要对系统进行运行维护管理。

1. 维护基础信息

(1)维护类型。①新增，即增加信息基础信息；②删除，即删除已有信息基础信息；③更新，即更新已有基础信息。

(2)属性信息。①新增，即描述基础信息的属性增加；②删除，即删除描述基础信息的属性；③更新，即更新描述基础信息的属性。

(3)其他信息。维护日志信息，如对维护人、时间、单位等信息进行记录。

2. 系统软件、硬件设备维护

系统软件、硬件设备维护主要包括系统硬件的更换，系统软件的更新，监控、屏幕等设备的维护等。

3. 维护服务

(1)预防性维护服务：预防维护服务的目标是提高系统的可靠性，减少软、硬件异常所造成的成本损失，减少系统停机时间。服务范围包括所有关键信息点设备。维护内容包括这些关键信息点设备的运行状况、运行环境情况、运行能力指标、负载情况与趋势。根据实际的网络、设备和业务情况制定详细的预防性维护计划，并且提交相关负责人进行审批。

（2）每日例行维护：检查并登记网络机房各设备外观的完好性，检查并登记网络机房各设备机械部分（例如风扇）的工作状态，检查并登记网络机房各设备及板卡的工作指示灯（指示屏）状态，检查并登记网络机房 UPS 及电池的工作状态。

（3）周期例行维护：按月复查设备登记信息，对网络机房 UPS 及电池按月进行充放电维护保养。在运行维护期间，根据日常维护记录进行整理和分析，发现潜在问题和漏洞，提出合理化建议，并且形成建议报告。

第7章 矿产资源知识库管理体系

7.1 矿产资源知识库概述

7.1.1 矿产资源知识库内涵

知识是人类在实践中认识客观世界（包括人类自身）的成果，它包括事实、信息的描述或在教育和实践中获得的技能，是人类从各个途径获得的、经过验证的、正确的，而且是被人们相信的。

知识库是将知识进行工程化处理，通过知识集群组织的运作方式达到结构化、操作化以及高利用率等，重点会对某个或者某些方面问题进行综合性解答，其体系或者相关知识将会以计算机存储、处理和管理的方式进行有效整合。知识库中所涵盖的知识包括着理论内容、事实内容等，专家通过深入研究和实践尝试，能够得出该领域知识定义、知识定理、知识运算法，以及对应的常规知识含义等，知识库是管理科研成果、传播学术知识、支持创新的重要工具。

矿产资源知识是在矿产资源生产和运营实践工作中形成的理论知识、事实、数据、信息的描述及实践中获得的技能、专家经验，是从各个途径获得的经过提升总结与凝练的系统的认识。

矿产资源知识库是矿业企业针对矿产资源领域问题求解的需要，将具有相互联系的地质、采矿、选矿、经济、国家政策等知识集合经过组织、分类，并按一定的表示方式在计算机中存储，是生产、运营中形成的知识的结构化，是易操作、易利用、全面有组织的集群，是针对矿产资源领域问题求解的需要，采用多种表示方式在计算机存储器中存储、组织、管理和使用的互相联系的知识元数据集合。这些知识包括与领域相关的理论知识、事实数据及专家经验知识，是各种形式的知识按照一定的表示方法集中存放的数据库，具有强大的知识集成、分类、存储、发布、决策支持等功能。各类知识元数据以技术原理、规章制度、矿山实际生产经营数据、专业报告和标准文献等形式存在，被广泛应用于解决矿山技术问题，如生产工艺参数优化、数据分析、标准编写等，还被用于解决矿业企业矿产资源管理问题、前期调研、规划决策等。

随着信息技术的发展，两化深度融合的推进，矿业企业能否在竞争中建立并维持优势，在很大程度上取决于其创造知识、积累知识和应用知识的能力。知识正取代劳动力和资本而上升为矿业企业的核心竞争力资源，知识管理逐渐成为矿业企业提升核心竞争力的最有力途径。提高对知识的共享、应用和创新能力是实施知识管理的主要目标，而实施知识管理的物质基础是构建知识库。

矿产资源知识库构建虽然对矿业企业来说还是一个崭新的领域，对矿产资源知识库管理实践来说也是一个新兴的方式，但随着信息技术的发展，专家系统等理论已经为矿产资源知识库的研究提供了良好的基础。矿产资源知识库的建设可以做到知识的永久保存，可以提供相关矿产资源知识的开放共享，实现同行评议，有效地促进标准和知识的推广与执行。对于矿业企业而言，通过知识库可以保存各领域专家学者的研究成果，也可以提供一个展示的窗口，提升企业的声誉。对于管理人员和技术人员而言，通过知识库可以更好地获取已有知识的信息，避免重复工作，也可以通过制定和上传相关知识术语，提高专业影响力。同时，矿产资源知识库为管理人员和技术人员提供了统一的学习交流和知识共享平台，方便更好地使用相关专业知识。

7.1.2　构建知识库的主要优势

通过知识库的构建和使用，能够将信息和知识进行秩序化的规范和操作，体现出知识库对知识组织的重要价值，能够促进知识与信息的快速流动，对知识共享产生有效的促进作用，同时，使用知识库的过程中有利于组织的沟通与协作，这种强化的互动作用从广泛意义上带来全面的处理效果，使用知识库还能够提升矿业企业对外工作的效率，强化客户关系管理等。

知识库的优势主要体现在以下几方面：

(1)知识库可以满足企业知识管理的直接需求，知识库依据企业的个体需要实行不同业务功能的定制，以达到企业知识管理中信息资源的共享与应用效率的提高。

(2)企业知识库具有准确性、针对性、共享性等特点，员工可以随时随地提取所需资源，节省员工查询时间，提升工作效率。

(3)知识库可以对接互联网，不但可以保证企业信息获取，还可以了解最新市场信息，以保证企业和市场的对接，达到企业及时更新的目的。

(4)在当下知识经济时代，企业将知识库作为一种可供开发利用的经济资源，有效提升了企业核心竞争力。

7.1.3 国内外知识库构建现状

自 2002 年 DSPace@ MIT 系统问世，全球掀起知识库的建设热潮，物联网、云计算、虚拟化等信息技术的发展以及多节点分布式的大数据平台建设，为海量数据的高性能计算提供了条件。机器学习、深度学习、人工智能等技术的革新为矿产资源大数据的研究提供了方法。应用大数据的思维方法开展数据的相关性分析，构建矿产资源知识库，实现问题的智能分析求解，已成为发展趋势。

大量学者对知识库构建进行了研究，分析了知识库构建的主要技术，对知识库构建目前存在的问题进行了分析，在不同学科领域构建了大量知识库；国内外互联网企业也推出了自己的知识库产品，如百度的知心、谷歌的 Knowledge Graph、维基百科的 Wikidata、微软的 Probase 等。

Cyc 是最早的通用常识知识库，该项目始于 1984 年，其最开始的目标是将上百万条知识编码成机器可用的形式。Cyc 的早期版本是按照专家系统的思想由人工构建，在近几年的扩展中开始使用部分自动构建的方法在非结构化资源中进行知识的获取。

WordNet 是普林斯敦大学在 1985 年发布的，它由人工标注的方法构建而成，是将英文词汇按语义组成一个全局的概念网络。所有词语都被归属到不同的同义词集中，词集之间的关系包括同义、反义、上位、下位等十几种。WordNet 作为一个高质量的词语语义知识库是目前被复用得最多的知识库之一。

ConceptNet 是一个多语言的知识图谱，由麻省理工学院的 Media Lab 发布。

麻省理工学院的研究人员通过众包项目"Open Mind Common Sense"以群体智能的方式构建了 ConceptNet。ConceptNet 的组织结构被很多后续的常识知识库所借鉴。

YAGO 是由德国马克思·布朗克研究院维护的大型语义知识库。YAGO 构建方法是将 Wikipedia 的分类类别与 WordNet 中的同义词集进行对齐和关联，即将 Wikipedia 中的条目整合到了 WordNet 的组织结构下。

Knowledge Vault 是谷歌企业在 2014 年启动的一个大规模知识库项目。该项目尝试不依赖众包方式收集知识，而是通过自动方法收集互联网数据和使用机器学习方法对已有的结构化知识库(如 Freebase、YAGO 等)进行整合，这种方法是目前最高效也是性价比最高的大型知识库构建方法。

近年来，国内资源管理行业和矿业企业加快了矿产资源知识库研究和建设工作，2017 年 11 月"地质云"平台发布，2018 年 2 月《岩石学报》出版了"地质大数据"专辑，2018 年 6 月在广州中山大学举办了"全国大数据与数学地球科学"学术研讨会，2018 年 5 月在杭州浙江大学举办了"大数据时代——地质学的挑战与机遇"学术研讨会。应用大数据的思维方法，构建矿产资源知识库已成为现代化矿业企业进行矿产资源管理的新手段。

7.1.4　矿产资源知识库发展趋势

在以全球化、知识化、信息化为主要特征的知识经济时代，在数据量动辄以 TB 级计算的今天，传统知识管理模式已无法应对当前的数据和用户需求，新形势下的矿业企业需要各种类型的创新资源和知识服务，必须用知识服务的理念、方法、手段来改造、提升传统的信息服务的水平，用知识服务提升创新力和竞争力，为此急需建立知识库，将已有的知识收集起来，整理后归档到知识库，对知识进行有效管理和合理利用，使知识形成体系，便于调用和再次利用，体现知识的延续性，通过后续的更新、完善使知识库能够保持良性循环。

同时，移动互联网络的发展迅速发展，5G+、大数据、云计算、虚拟现实等前沿技术在矿产资源开发中不断应用，建立资源管理数字化、矿山生产自动化、安全管理集成化、管控决策智能化的本质安全、资源集约、绿色高效的智能企业成为资源类企业发展的必然趋势。未来信息化技术发展的趋势，将影响矿产资源管理知识库在移动互联网络上的发展方向，构建出最佳的知识库运作体系，实现矿产资源的绿色、高效、智能开发利用。

7.2 矿产资源知识库建设分析

7.2.1 矿产资源知识库建立的目的

矿产资源行业是关系到国民经济发展的基础行业,在生产管理过程中涉及的知识十分广泛,矿业企业的正常生产运营除了涉及地质、测量、采矿、选矿等专业技术外,还需要金融、工程、法律、经济等大量相关专业的支撑。而且矿业企业在生产运营中形成的隐形知识,特别是经验,在矿业企业运营中有重要作用。经验需要时间积累,且常难以提炼和恰当表达。正因为如此,长期积累的经验容易随着这些经验的载体人的离去而散失。将经验进行提炼沉淀共享,从而降低矿业企业知识资产的风险,是一个亟需解决的问题。

提高矿业企业及其下属各级各类单位对知识的共享、应用和创新能力是实施矿产资源知识管理的主要目标,而实施矿产资源知识管理的信息化手段就是构建标准化知识库。矿产资源知识库是矿业企业的核心生产要素,可以辐射到矿业企业矿产资源管理的各个环节,帮助企业共享知识并通过不同的方式付诸实践,最终达到提升管理水平。

1.矿产资源知识库可以实现知识共享

工作中常常需要重复解决相同或类似的问题,如果多数问题及其解决方案都可以从知识库中简单、方便地获取,将人员从重复性的工作中解放出来,把更多精力用于解决其他新的问题,就可以达到提升工作效率,降低成本的目的。

2.矿产资源知识库可以避免知识流失

知识共享的同时意味着避免信息孤岛和知识流失,许多隐性知识存在于岗位工作人员的脑子里,知识库管理可以有效避免由人员流失造成的知识流失。

3.矿产资源知识库可以扩充知识储备、使知识有序化

建立知识库,必定对原有的知识做一次大规模的收集和整理,按照一定的方法进行分类保存,使知识形成体系,并提供相应的检索手段。经过这样的处理,大量隐性知识被数字化,知识从原来的混乱状态变得有序化,也方便了知识的检

索，为知识的有效使用打下了基础。

4. 矿产资源知识库可以加快知识的流动，促进知识的共享和交流

知识库实现了知识的有序化，使寻找和利用知识变得更加快速、便捷，也加快了知识的流动。

5. 矿产资源知识库有利于实现组织的协作与沟通

知识库可将员工的建议提交给一个由专家组成的评审小组，评审小组对这些建议进行审核，把最好的建议存入知识库，通过知识库实现组织的协作，将知识有效利用和传承下来。

6. 知识库可以帮助矿业企业实现对知识的有效管理

知识管理一直是比较复杂的工作，关键岗位员工离职后造成知识流失，甚至出现工作无法正常开展等问题。知识库的一个重要内容就是将所有人员的知识进行保存，以便随时利用。

7.2.2　矿产资源知识库建立的原则

建立知识库常见的工作是对特定的信息点进行研究分析形成报告和战略建议，并通过已经出版的书刊、会议文献和相关数据库资源等方式获取原始资料，最终实现查询共享，知识创新。

因此，矿产资源知识库的建设应满足以下原则：

1. 动态性

矿产资源知识库要面对的是现实生产经营中的各种问题，因此知识库中的信息资源区别于传统标准查询系统的特点就是信息实时性，这要求知识库把现实情况和文献资料中的信息进行双向整合，同时知识库还应该推动政策实施、普及前沿标准化知识，因此其中的信息资源必须与社会发展同步，需要动态跟进和不断丰富。

2. 前瞻性

矿产资源知识库的建立是为了提出具有战略性的决策建议和引导性的意见，

知识库在收集信息时需关注相关领域的最新发展趋势，对其动向要具有一定的预见性、敏感性，从而有目的地收集信息知识点，进行持续的前瞻性研究。

3. 交互性

矿产资源知识库不仅需要满足矿业企业和员工的知识需求，而且在建立和使用过程中自身也会产生大量记录性的文件，相关人员也需要对研讨内容和研究过程产生的资料进行管理，因此知识库在用户操作方面需要具备良好的交互性，以便相关人员发挥专业素养，共同促进知识库的内容建设。

7.2.3　矿产资源知识库功能设计

近年来，对于知识库的相关功能学术界仍在探讨，国际上，Gibbons 指出，知识库应具有 6 项核心功能，主要包括内容提交、元数据应用、获取利用控制、查找支持、传播以及保存的功能。国内，赵继海从学术传播、电子出版、长期保存、知识管理、促进教育、科研评价、共享利用以及提高声望方面详细论述了机构知识库的主要功能。虽然国内外学者对知识库功能的表述不尽相同，但是可以看到，对于知识库功能的理解主要是从知识信息的获取、知识的传播与利用这两大角度出发，一方面，知识库可以从内部和外部获取相关的知识成果，实现知识的共享；另一方面，知识库可以通过人工录入、自动获取和异构数据库导入的方式获取知识信息，通过整合和相关工具提供检索和分享的功能给用户。

矿产资源知识库从体系架构上分为服务层、业务逻辑层和存储层，每一层可分为不同的系统组件，各个组件负责不同的功能，各个层次之间，由接口提供连接的通道。

第一层为服务层。提供整个知识库的界面展示和用户交互功能。通过 Web 方式提供相关功能的界面，供用户操作，并完成对相关知识点的增、删、改、查操作，通过提供论坛和站内信的形式供使用者交流和互动，也可以通过上载相关内容，完善和补充知识点信息。Web 服务接口主要是和外部数据库交互的桥梁，可以通过其主动获取网络上的相关资源，也可以对知识库中的内容进行推送，扩大知识库中信息的传播范围。知识图谱主要是通过聚类分析，动态实时地展示相关知识的背景资料和关联关系，并可以通过相关用户的检索信息动态计算相关知识点的频度，实现精准化推荐和动态展示。

第二层为业务逻辑层。涵盖各类业务的各个子系统。管理子系统主要功能模块包括权限管理、用户管理和流程管理等。内容发布子系统是知识库的核心部分，负责知识内容的制作和分发，主要功能包括内容生成、内容发布和内容管理，内容生成的同时需要异构资源整合技术将知识点内容处理成为统一格式。内容发布采用结构简单、方便利用的元数据组织，而元数据作为知识点基础数据，是描述知识内容的主要方式，同时需要相关的内容管理功能为知识点的属性拓展提供保障。存取子系统主要负责对相关业务的各类知识对象进行归类管理，使各类知识内容都有对应的对象，通过对象的序列化和映射存储到数据存储层，主要功能包括数据的分发和数据的映射。

第三层为数据存储层。主要负责元数据的物理存储管理，一方面实现对内容元数据、检索索引和非结构化数据的保存，并开放相关数据存取接口；另一方面还要通过文件系统和存储资源代理服务来实现数字流的保存。技术上，该层处于系统的最底层，实际上是一个数据管理系统，可以使用 Oracle、MSSQL 和 MySql 等关系数据库作为持久化的结构化数据存储数据库，使用 MongoDB 等云服务产品存储 Json、XML 和文档等非结构化和半结构化数据。

7.2.4　矿产资源知识库功能要求

为了满足其使用便捷、资源精确有效、资源易获取的要求，知识库的建设还应满足以下要求：

1. 统一性

统一建设和统一管理，以确保整个系统的软硬件均符合国际和国内的标准，保证业务、功能、界面、内容的高度统一化和标准化，从而达到服务的规范化和管理的高效性。在内容及表现形式上要充分体现企业的特色。

2. 先进性

采用较新的科技成果，从而保证整个系统与当今其他技术平台接驳没有障碍。系统建成一个开放的、组件化、面向对象、可灵活扩展的多层架构体系。采用目前国际流行的先进的互联网应用开发技术，基于 B/S 结构的软件平台。

3. 易用性

系统应该界面友好、操作方便、易于使用。

4.易维护性

系统具有友好的系统管理和维护界面，系统管理员可以随时查看运行状态、资源使用情况及访问统计分析报告等。

5.安全性与可靠性

采用业界较为可靠的第三方软件技术和产品，在充分考虑整个系统运行安全的的前提下，要求系统具有较强的容错能力和良好的恢复能力。主要设备采用双机或镜像备份的工作方式，保证系统稳定运行。在遭受黑客攻击和数据库强行注入后系统能够迅速恢复。

6.开放性和灵活性

兼容多种主流的系统软、硬件平台。在不限特定数据库的前提下，可以平滑地移植。同样的，软件的部署也不限定版本，不绑定于某个服务，采用开放性接口，主站与子站系统进行灵活的互连和数据共享。用户使用界面及系统功能可灵活定制。

7.可扩展性

系统应具有良好的可扩展能力，为将来准备开发的功能和系统的升级预留接口，用以适应各种不同的业务需求。对于多用户同时并发的请求、系统升级或拓展都需要做好充分的准备。

7.3 矿产资源知识库建设内容

7.3.1 知识库架构

在知识碎片化时代，充斥着大量的无用信息，盲目累积知识是零散无效的，首先要构建知识库框架，使知识具有系统性。矿产资源知识库架构以知识管理、知识发现、知识挖掘、知识分析、知识服务等理论为指导，制定相应的知识分类体系，对整合的各类科技资源进行知识挖掘、整理、重组，形成矿产资源知识库，实现各类知识内容的关联，提供智能化的知识服务。

矿产资源知识库的构成可以是资讯、品牌经营、技术知识、综合知识、分享报告、文档模板、标签索引等。各个知识模块功能分析如下:

1. 资讯

矿业企业在生产运营中需要接受大量资讯,这是了解行业发展的绝佳途径。由于获取时间、途径的不确定性,资讯往往是零散的知识,容易遗忘,需要分类收藏整理。资讯可以包括对重大事件或政策的解读、行业的关键资讯等。

2. 技术知识

技术知识是矿产资源知识库的核心模块,数据量大种类多,一般可按照二级以上分类整理。按照矿产资源全生命周期管理需求,可分为矿业权管理、勘查管理、采掘管理、资源储量管理、资源安全管理、矿山闭坑管理、资源计划管理和资源统计管理八大业务,具体视实际业务种类而定。按照知识属性八大业务又可进一步按政策法规、规范标准、报告文件、生产图集等分类。

(1)矿业权管理:国家标准、规范、相关工作标准;探矿权新立、变更、转让或注销申请报告;企业审查意见;探矿权办理申请书、申报材料;政府部门评审、批示文件;探矿权证正本、副本、缴费凭证等。

(2)勘查管理:国家标准、规范、相关工作标准;勘查项目立项建议书;专家评审意见;勘察设计说明书、任务书、合同等;各类原始地质成果资料;项目验收意见书;地质勘查报告;勘探设备管理等。

(3)采掘管理:国家标准、规范、相关工作标准;矿产储量管理、损失贫化管理的相关文件;采掘相关环节的创新技术;采掘科技成果;采掘设备管理;各类报表及台账;领域相关的理论知识;相关的科技资源等。

(4)资源储量管理:国家标准、规范、相关工作标准;勘查、核实等相关报告;勘探报告、生产报表、设计方案;储量台账、报表;储量管理年报;生产矿井储量管理成果;矿业企业储量管理成果;矿业企业储量管理成果等。

(5)资源安全管理:国家标准、规范、相关工作标准;参与项目招拍挂的指令及评审意见;项目安全预警报告等。

(6)矿山闭坑管理:国家标准、规范、相关工作标准;闭坑申请书及审核意见;矿山闭坑地质报告及审核意见;关闭矿山报告及审核意见;矿山环境恢复治理与土地复垦方案及审核意见;政府相关部门审批意见书及验收意见书;政府批件等。

(7)资源计划管理：国家标准、规范、相关工作标准；资源年度计划；矿井年度资源计划；矿业企业年度资源计划；企业级年度资源计划；计划完成情况分析报告；矿业企业总体战略及发展规划；矿产资源市场分析报告；矿产资源规划等。

(8)资源统计管理：国家标准、规范、相关工作标准；原始记录台账；矿产资源统计台账；矿产资源管理数据比分析报告；各种资源统计数据表等。

3.文档模板

标准化是矿业企业管理的重要基础工作，对提高生产效率和质量有积极作用。用户可以在此版块找到业务类、经营类、日常管理等方面的标准化模板，在模板的基础上做"加法"，兼顾规范和定制的要求。

4.综合知识

综合知识包括人力知识、财务知识、日常管理知识等，主要服务于矿山日常管理，并为矿业企业正常运营做支撑。

5.分享报告

在知识爆炸、行业愈加开放的今天，获取优秀知识成果的渠道不断拓宽。所谓"他山之石，可以攻玉"，同行或跨行业学习往往能激发创新。此版块下可分享内外部深度研究，旨在促进共同学习、不断创新。

6.品牌经营

该分类模块既是对外宣传展示矿业企业实力的窗口，也是内部员工了解企业、获得价值认同的途径。品牌经营可以包括业务范围、企业文化、获奖纪录、经典业绩、特色团队及专家资源等。

7.标签索引

知识资料往往是多属性的，同一篇文章可以归属于多个模块中。因此，仅靠一级模块分类只能就其单一属性进行简单分类，知识资料之间缺乏联系，导致用户对知识产生片面理解。对此，我们可以借助标签，建立二级索引，构建多维度立体知识结构，使知识链转变成知识网。

7.3.2　建立流程

建立矿产资源知识库的流程包含知识采集、知识处理、知识存储、知识发布四个环节。

（1）知识采集：对知识库框架涉及的资讯、品牌经营、技术知识、综合知识、分享报告、文档模板等知识进行收集，在收集过程中可进一步按地质、测量、采矿、选矿等专业进行划分；

（2）知识处理：对已收集到的知识进行数字化、标准化处理，对知识进行分析、加工、提炼、重组；

（3）知识存储：将所有经过重组的知识按照既定的数据架构进行组织，并导入到矿产资源知识库中进行有序存储；

（4）知识发布：通过矿产资源知识库共享服务系统发布矿产资源知识。

7.3.3　数据的获取及入库

矿业企业经过几十年的发展，在工作的各个环节积累了丰富的经验、形成了海量的矿产资源领域的知识，这些知识种类繁多、形式多样，大部分以传统纸质形式记载，资源项目的管理相对独立，矿产资源知识的管理相对分散；管理缺乏系统性，知识的原始记录及成果均为手工处理、纸质介质存储、传递手工操作，查询也十分不便，这些都要求对矿产资源知识进行系统的收集并进行信息化、标准化预处理，组织相关领域的专家进行评审，使其符合矿产资源知识库对数据的要求，将其导入矿产资源知识库。

矿产资源知识库数据获取及入库流程主要包括矿产资源知识收集、矿产资源知识的信息化、矿产资源知识的标准化、矿产资源知识评审、矿产资源知识入库等内容。

7.3.4　平台搭建

矿产资源知识库系统采用 B/S 架构开发，无需安装控件，通过浏览器输入网址即可登录，方便员工使用；系统主体使用 C 语言进行搭建，开发工具采用 Microso Visual Studio；数据库采用 SQLSever；硬件服务器选用 HP ProLiant DL380 G7。系统整体设计力求操作简单快捷、界面简洁，以降低使用者的学习成本和操作负担。

7.3.5 系统功能

矿产资源知识库的构建必须使得其中的知识在被使用的过程中能够有效地存取和搜索，库中的知识能方便地修改和编辑，同时，对库中知识的一致性和完备性能进行检验。

1. 用户注册、登录及权限设置

矿产资源知识库系统需要为用户提供用户注册、登录功能，不同用户登录后具备不同权限，知识库应以共享为主、限制为辅的原则设置权限。知识负责人或者管理员应根据知识的保密级别设置权限，决定是全企业共享、部门共享，还是少数人共享。

2. 主页面

矿产资源知识库需要为用户提供一套从视觉上、功能上、实用性上都完美实用的主页面。

3. 多媒体资料

矿产资源知识库系统需要为用户提供多媒体资料的列表展示、上传、下载，视频、文章在线播放，阅读排行榜等功能，同时具有基于用户搜索、浏览数据，智能分析场景，主动推送关联知识给用户。

4. 文档资料

充分利用细分标签索引，可针对某一类知识点建立知识专辑，适合用于深度学习。矿产资源知识库系统需要为用户提供文档资料的列表展示、上传、下载、文档简介、文章快速查询，阅读排行榜等功能。

5. 全文搜索

搜索是最基础、最重要的服务功能，帮助用户快速找到所需知识。实际应用中可以通过多种数据库混合存储，并采用交叉索引实现快速检索。矿产资源知识库系统需要为用户提供全文搜索的功能，搜索覆盖的功能涵盖文章、文档、多媒体资料等。

6. 用户中心

矿产资源知识库系统需要为用户提供基本资料、修改密码、头像管理、发布文档管理等功能，同时还需配置交流讨论管理等功能，一方面可以培养用户发现问题、解决问题的能力，另一方面有助于营造共同学习和集体协作的企业氛围。

7. 后台管理

矿产资源知识库系统需要为用户提供系统参数管理、分类模块管理、多媒体资料管理、文档资料管理、用户模块管理等功能。通过建设统一的知识分享平台，将各业务部门的知识进行统一采编、统一存储、统一管理、统一运营；实现知识数据对外共享开放，对各部门和其他生产系统提供知识数据支撑，同时具有对搜索、收藏等后台数据进行统计分析的功能，可以采用图表展示统计结果，供决策层辅助分析业务趋势。

7.3.6　数据的维护及更新

为确保知识库系统长期有效地运行下去，必须对知识库系统数据进行安全管理，对数据进行定期或不定期更新，对系统数据进行完善性及适应性维护，对支撑平台的软硬件进行适时更新，对系统进行安全升级。其中，系统维护包括系统纠错、完善性和适应性维护、硬件维护；系统更新包括数据更新、应用系统更新及软硬件升级、安全升级。

参考文献

[1] 盖静.矿产资源资产评估的理论及其方法[D].唐山：河北理工学院，2002.

[2] 郭娜.浅谈精细化管理在矿山企业文化建设中的应用[J].东方企业文化，2014(07)：76.

[3] 吕春枝，蒋文甫，马革非.论矿产资源管理工作的现状及对策[J].中州煤炭，1999(03)：19-20.

[4] 苗琦，孟刚，姜航，等.矿产资源管理支撑系统建设研究[J].能源与环境，2019，000(005)：96-98，101.

[5] 阿古拉.探析矿山企业管理模式和现代矿山企业的管理方法[J].经济研究导刊，2015，000(013)：13-13.

[6] 李鹏海.新形势下矿山地质工作特点及改进方法[J].决策探索(中)，2018，585(07)：14-15.

[7] 李传华，张龙平，徐德利，刘立东，程蔚.浅论新形势下矿山地质工作的特点及改进方法[A].山东省科学技术协会.地质与可持续发展——华东六省一市地学科技论坛文集[C].山东省科学技术协会：山东省科学技术协会，2003：3.

[8] 白雪岭.新时期矿山企业管理的模式和具体方法[J].企业改革与管理，2017(06)：32.

[9] 范振林.浅论矿产资源资产资本"三位一体"管理[J].中国矿业，2011(04)：9-11.

[10] 李旭强.我国资源型企业海外并购尽职调查分析[J].现代产业经济，2013，000(006)：70-75.

[11] 张东明.中国企业海外矿产资源并购模式及风险分析[D].长沙：湖南大学，2017.

[12] 刘晓岚.中国企业海外矿产资源并购研究[D].北京：中国地质大学，2011.

［13］白真.基于企业资源理论的并购整合分析［D］.济南：山东财经大学，2016.

［14］万海峰.中国矿业跨国并购的理论及案例研究［J］.国际市场，2012，000（005）：40-43.

［15］吕波.矿产资源开发利用策略及保障体系研究［D］.北京：中国矿业大学（北京），2017.

［16］李晓宇.保护性开采特定矿种评价指标体系与管理制度研究［D］.北京：中国地质大学（北京），2019.

［17］顾翊东.F公司业务流程管理系统现状，问题与改进路径研究［D］.上海：上海交通大学，2011.

［18］张靖.构建矿业企业海外业务的合规管理体系［J］.法制与社会，2018，000（010）：173-175.

［19］高阳，屈新原，李玉龙，等.矿产资源管理系统的设计与实现［J］.地理空间信息，2013，011（002）：59-61.

［20］邓颂平，武建飞，李治君.矿产资源储量管理信息化建设总体框架设计［J］.国土资源信息化，2020（3）：33-38.

［21］胡艳慧.GIS在矿产资源管理信息化方面的研究［D］.太原：太原理工大学，2007.

［22］张永杰，赵丽芳.中小企业信息化建设存在的问题及对策分析［J］.生产力研究，2010，000（009）：220-221.

［23］张书银.探析矿山管理信息系统［J］.河南科技，2013，000（023）：151-151.

［24］冯丹.我国企业信息化管理现状及对策研究［J］.商品与质量，2011（SB）：11.

［25］张琦.中小企业信息化管理的现状、问题及对策分析［J］.商，2016（16）：18.

［26］王胜楠.A工程设计院知识库构建及应用研究［D］.北京：北京交通大学，2019.

［27］苏萌.面向领域知识库的子图匹配查询方法研究与应用［D］.银川：北方民族大学，2020.

［28］张之君.基于深度学习的知识库问答系统研究［D］.大连：大连理工大学，2019.

［29］张洪涛.矿产资源资产资本理论与实践［M］.北京：地质出版社，2014.

［30］苗丽静.公共事业管理［M］.大连：东北财经大学出版社，2011.12

［31］李万亨.矿产经济与管理［M］.武汉：中国地质大学出版社，2000.

［32］王广成，闫旭骞.矿产资源管理理论与方法［M］.北京：经济科学出版社，2002.

［33］姚晓娜，祝忠明，刘巍，张旺强.机构知识库在科研评价服务中的应用及实现［J］.数字图书馆论坛，2020（06）：22-27.

［34］唐爽，韩义萍，张玉，杨涵舒，王萌.标准知识库构建研究［J］.中国标准化，2020（S1）：46-50.

［35］阮俊红，郭新珂，李德贤，陈耕耘，高亚林，刘世钊.某矿企矿产资源知识库构建研究［J］.铜业工程，2019（06）：105-108.

［36］徐泽建.基于自动生成模板的知识库问答方法研究［D］.南京：东南大学，2019.

［37］贺耀文，杨志祥，韩小磊，马波.浅析矿业企业矿产资源管理体系建设［J］.世界有色金

属，2020(02)：224-225.

[38] 胡艳慧.GIS在矿产资源管理信息化方面的研究[D].太原：太原理工大学，2007.

[39] 韩聪.矿产资源管理系统关键技术的研究[D].长春：吉林大学，2007.

[40] 毛小兵.论我国矿业企业集团的矿产资源战略[D].长沙：中南大学，2006.

[41] 刘元生.煤炭企业管理[M].徐州：中国矿业大学出版社，1995.

[42] 郭一珂，邓颂平，曾建鹰，涂强，李磊.矿产资源管理业务指标体系研究及思考[J].中国矿业，2019，28(05)：18-23.

[43] 吴琼，葛振华.矿产资源统计指标体系研究[J].中国矿业，2014，23(05)：134-138.

[44] 许小春.矿产"三资"统筹管理研究[D].北京：中国地质大学(北京)，2013.

[45] 任忠宝.矿业资本经营模式研究[D].北京：中国地质大学(北京)，2015.

[46] 吴雪.中国矿业资本市场融资模式研究[D].合肥：石家庄经济学院，2015.

[47] 夏佐铎.矿产资源资产评估理论和方法[M].武汉：中国地质大学出版社，2006.

[48] 中国矿业权评估师协会编.中国矿业权评估评估准则二[M].北京：中国大地出版社，2010.

[49] 陈玲洪.高校机构知识库建设运用协同理论的思考[J].管理观察，2015，000(014)：122-123.

[50] 程结晶，刘佳美，杨起虹.基于耗散结构理论的科研数据管理系统概念模型及运行策略[J].现代情报，2018，38(01)：31-36.

[51] 贾疏桐，王开荣.耗散结构理论在高校图书馆信息系统中的应用[J].农业图书情报学报，2020，32(10)：72-79.

[52] 相丽玲.信息管理学[M].北京：中国金融出版社，2003.

图书在版编目（CIP）数据

现代矿业企业矿产资源管理体系构建／马玉天，李德贤编著. —长沙：中南大学出版社，2021.8
ISBN 978-7-5487-4491-7

Ⅰ．①现… Ⅱ．①马… ②李… Ⅲ．①矿业－工业企业－矿产资源管理－管理体系－研究－中国 Ⅳ．①F426.1

中国版本图书馆 CIP 数据核字（2021）第 111048 号

现代矿业企业矿产资源管理体系构建
XIANDAI KUANGYE QIYE KUANGCHAN ZIYUAN GUANLI TIXI GOUJIAN
马玉天　李德贤　编著

□责任编辑	刘小沛
□责任印制	唐　曦
□出版发行	中南大学出版社
	社址：长沙市麓山南路　　　　邮编：410083
	发行科电话：0731-88876770　　传真：0731-88710482
□印　　装	长沙市宏发印刷有限公司

□开　　本	710 mm×1000 mm 1/16	□印张 12	□字数 212 千字	
□版　　次	2021 年 8 月第 1 版	□2021 年 8 月第 1 次印刷		
□书　　号	ISBN 978-7-5487-4491-7			
□定　　价	53.00 元			